JN327841

SCIENCE

岩波科学ライブラリー 230

生きもの

パンダ

ネコをかぶった珍獣

倉持 浩

岩波書店

はじめに

ジャイアントパンダ。おそらく、世界中でこれほどまでに知名度が高く、人々を魅了してやまない動物も少ないだろう。何がそんなに人を惹きつけるのだろうか？

まずは、あの色か。シロとクロのツートンカラーの動物は他にもたくさんいるが、あの顔の模様はズルい。あんなところが、あんなふうにクロくなくてもよいではないか！

そしてあの容姿、丸い顔にまん丸としたフォルム！　彼らは何歳になっても、幼児体形のままである。しかしその一方で、座り方をはじめ、彼らの仕草はオヤジっぽい人間味にあふれてもいる。人はそんなギャップに心惹かれるのだろうか。

ともあれ、ジャイアントパンダは老若男女問わず人気がある、何とも不思議な動物である。

私は、縁あって２００４年４月から、上野動物園でジャイアントパンダ（以下、本書では特に必要がない限り、なじみのある「パンダ」の呼称を使おう）の飼育係をしている。取材に訪れるマスコミの方や来園者から、この仕事をよくうらやましがられるが、実は上野動物園職員の中では、パンダは敬遠されがちだ。なぜなら、とても「気をつかう」動物だからだ。

　エサはタケと決まっているのだし、パンダ自体に気をつかうことはほとんどないため、飼育だけならそれほど難しくはない。しかし、パンダの注目度や影響力には計り知れないものがある。それゆえ、飼育すること以外で「気をつかう」ことが多いのだ。

　そして、パンダと毎日接していると、彼らが「かわいい」だけの動物ではないことがよくわかってくる。私は未だに、パンダのいる部屋に一緒に入ったことはない。それは、パンダはちょっと変わり者だとはいえ、基本的にはただのクマだからだ。

　上野動物園のパンダは、その飼育施設も、動物としての扱いも、基本的にクマと同等である。飼育係をしていると、かわいいと思うよりもむしろ、怖い思いをすることの方が多いかもしれない。これまでにもさまざまな取材や原稿依頼をうけて、そんな恐るべきパンダのエピソードを話したり書いたりしてきたが、パンダのイメージが壊れるという理由から、取り上げてもらえないことが多い。

　パンダは怖いだの、ただのクマだの、いったいこの飼育係は何を言っているのか？ と思っているあなた！　本書を読んだ後には、パンダのイメージが変わっていることだろう。もちろん、見た目通りのかわいらしさも兼ね備え、憎めない面もある。本書では、そんなかわいらしさから驚愕の一面まで、私の経験や知見を余すところなく書き記していこうと思う。

　それでは、パンダの本性をひとつずつ暴いていくことにしよう。

目次

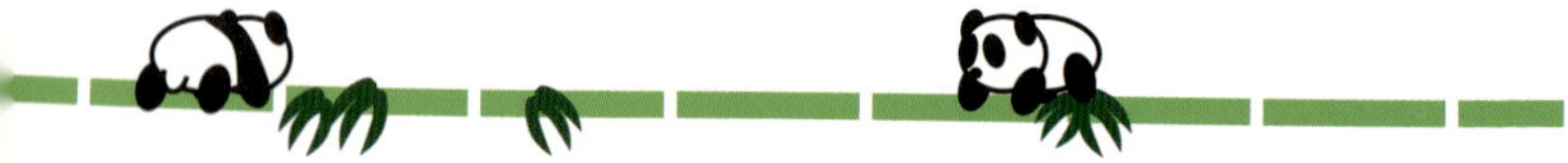

1

パンダをよく見てみよう

食事中の横顔。

パンダはどこがクロいのか?

パンダといえば、シロとクロの動物。では、どこがクロいか?

顔と肢《あし》については、ほぼ100%の人が正解できるだろう。問題はしっぽである。下のクイズは、上野動物園で活動している東京動物園ボランティアーズが、来園者に対して行っているもの(に少しアレンジを加えたもの)だ。

③と④でないことは確かである。ちなみに③は、「元祖パンダ」(後述)であるレッサーパンダのしっぽの模様だ。パンダのしっぽは①のクロか、②のシロか?

じつは、答えは②のシロなのだが、正解率は低い。しっぽがクロいキャラクターやぬいぐるみも今なおたくさんあり、「しっぽはクロ」のイメージは根強いようだ。クイズで間違えた来園者に「実際に見てごらん」と言う

図1 パンダのおしりの毛の色はどれかな?

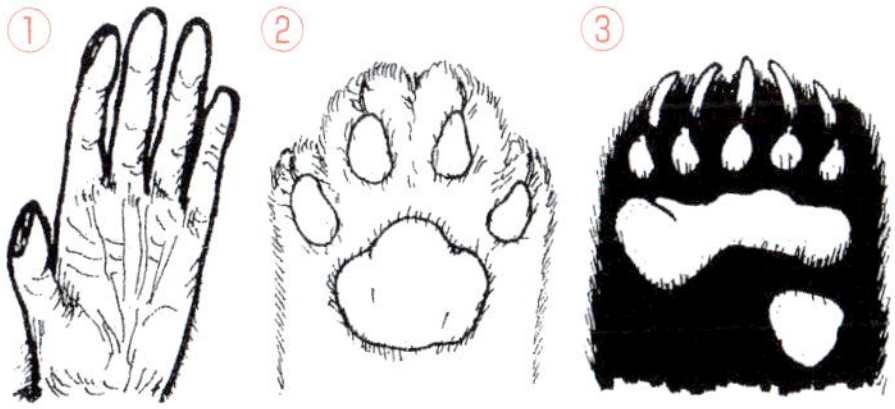

図2 パンダの手はどうなっている？

と、何人かは「やっぱりクロい!!」と言って戻ってくる。それは、しっぽが土で汚れているのである。野生のパンダの体はぬいぐるみのようにシロくはないし、動物園でも、屋外で活発に活動するパンダほどシロくない。どちらかというと茶色とクロだ。パンダはよく座るので、おしりから腰にかけては特に茶色い。地面に腹這いで休息することも多く、お腹が真っクロの時もある。しかし、しっぽはクロではない！

クロい部分は耳、目の周り、肩から前肢、後ろ肢だ。そのほかの部分はシロである。そもそもどうしてあんな模様なのか？とよく聞かれるが、これには諸説いろいろあってどれも決め手にかける（第2章参照）。同じようにシロとクロのツートンカラーのシマウマだって、縞模様の理由はよくわかっていないのだ。

パンダの手はどうなっている？

ではもう1問、ボランティアさんが行っている問題。パンダの手（前肢）はどれでしょう？

来園者の答えを聞いていると、意外と正解率が低いことに驚いた。正解は③だが、②と答える人が思っていた以上に多い。②はネコの手である。②を選ぶ人の多くは、③をクマの手だと思うようだが、その発想は間違いではない。だって、第2章で紹介するように、パンダはクマなのだから！
③の手を見てみよう。5本の指には立派な鋭い鉤爪が備わっている。肉食獣のクマが獲物をがっちり捕まえて仕留めるにはとても有効な装備で、パンダにもちゃんとこれがある。
ちなみに①はサルの手である。その最たる特徴は、親指(拇指《ぼし》)で他の4本の指先に触れることができる(拇指対向性)ことだ。これはわれわれ人間も同じで、ものを握るのにこの拇指対向性は欠かせない。したがって、上手にものを握ることができるのは、拇指対向性を備えた霊長類の一部だけだ。しかし例外がいて、パンダの手は、外見上はクマなのに、ものを握ることができる。これについても、第2章でくわしく紹介しよう。

これがパンダだ！

知っているようで知らないパンダ。ここでいま一度、パンダの体のつくりをおさらいしておこう。

しっぽ

外見とはちがって，しっぽの本体はヒトのおとなの小指くらいの長さと太さしかない。しっぽに見えるのはほとんどしっぽを覆っている毛なのだが，不思議なことにしっぽ本体の毛は少なく短い。

鼻

犬のように常に湿っていて，まるで鼻水を垂らしているようにみえるほど潤っていることもある。

ほかのクマの仲間に比べると奥歯の臼歯がとても発達している。この臼歯でタケの葉をすりつぶしたり幹(タケの場合稈とよぶ)をかみ砕いたりする。タケの稈を食べる時には，前のほうの臼歯を巧みに使って外側の皮をむいていたりもする。

おっぱい

オス・メスとも，全部で4個(胸に1対，腹部に1対)ある。普段は目立たないが，メスでは妊娠して出産直前になると目立ってくる。逆にいうと，この他に，オスとメスの外見上のちがいはほとんどない。

毛

意外にも，毛はとてもゴワゴワしている。夢を壊すようだが，おとなのさわり心地はブタだ。フワフワなのは産まれたての赤ちゃんだけ。生まれて10カ月もすると，おとなと同じさわり心地になってくる。

色

しつこいようだがシッポは白！ ちなみに産まれたてのパンダは全身真っ白。2週間くらいするとうっすら黒い毛が生え始め，見慣れた模様になってくる。皮膚のほうは白黒に分かれておらず，ピンク色だ。

耳

普段は正面を向いている。聞き慣れない音がすると，音がする方向にすぐに耳だけ向けて反応することが多い。まるでレーダーのパラボラアンテナのようだ。

目

目の周りの黒い部分がたれ目っぽくてかわいらしく見えるが，実は小さくて鋭い目をしている。目の周りの黒い部分は毛が薄い。

肢

前肢も後ろ肢も，5本の指と鋭い爪がある。爪は猫と同じように層状になっていて，内側から新しいものが作られると外側の古い部分がむける。木登りなどを通して爪を研いでいる。

歯

生まれてから3カ月くらいで生えてきて，3～4歳になると永久歯に生え替わる。肉食動物の特徴である鋭い犬歯もしっかり残っている一方で，

むかれた皮がお腹の上にたまっている

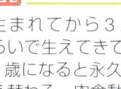

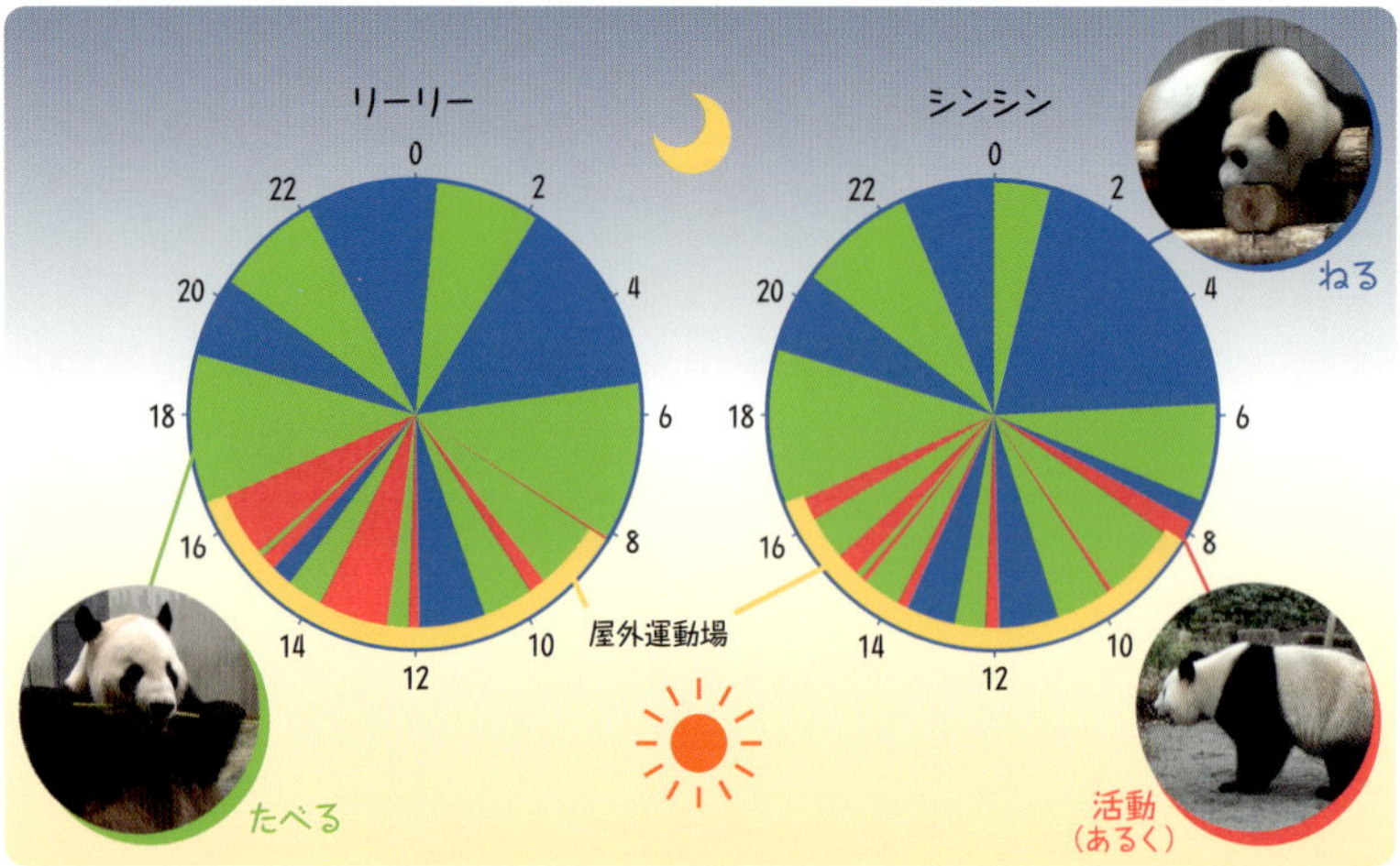

図3 ある1日(2014年4月1日)の
リーリー(左)とシンシン(右)

パンダのくらし・基本のき

次に、基本的なパンダライフをみてみよう。

パンダの1日

上野動物園にいるリーリー(オス)とシンシン(メス)の、1日のタイムスケジュールは図3のような感じだ。

動物園ではいつも寝ているイメージが定着しているからだろう、来園者に、「パンダは昼行性？　夜行性？」と尋ねると、多くの人が「夜行性かなぁ……」と答える。でもこの図からもわかるように、動物園のパンダは1日中、昼も夜も、食べる・寝る・ときどき運動、の繰り返しだ。夜の方が寝ている時間が長いので、夜行性というわけではないらしい。これは野生のパンダも基本的に同じで、昼も夜も、エサを探す・食べる・寝る、を繰り返している。

上野動物園のパンダの場合、日中に5〜6回、毎日ほぼ決まった時間にエサを与えている。どんなに呼んでも、気持ちよさそうに寝たきり、水をかけても起きてこないこともあれば、寝ていても時間になると絶妙なタイミングでムクッと起きてくることもある。また、夕方16時頃になると、なぜかオスのリーリーがプールに入る様子がよくみられる（図4）。

なお、動物によっては1年の中でも生活スタイルをガラッと変えるものもいるが、パンダはとくに冬眠するわけでもなく、春〜夏の繁殖シーズン（第4章参照）を除けば、基本的に1年中ずっとこんな感じだ。

パンダの一生

飼育下のパンダはだいたい25歳くらいまで生きる。野生下では、20歳くらいが寿命だといわれている。最初は100〜200g程度で生まれ、おとなになると100kgほどまで成長する。

メスが生涯に産み、育てられる子ども

図4 水浴びするリーリー
顔も洗っちゃいます。

の数は多くはない。妊娠が可能になるのは5歳くらい。野生下では、1頭の子どもを身ごもってから独り立ちさせるまで2～3年かかり、また一度に1頭しか育てられないから、順調に子どもを産みつづけても、生涯に育てられる子どもはせいぜい6頭ほどとみられる。飼育下では、人の手を借りれば一度に双子を育てることも可能だが、それでも生涯に十数頭ほどだろう。

パンダの食べもの

動物園で、エサとして与えているのは主にタケ、副食としてはニンジンやリンゴ、パンダ

図5 生後2カ月のパンダ　雅安碧峰峡基地にて。

図6 1歳前後のパンダ　雅安碧峰峡基地にて。

だんご（トウモロコシや大豆の粉などでつくるエサ用の蒸しまんじゅう（図7）。北京動物園直伝のレシピを改良）だ。タケは毎日5〜6種類、1頭あたり60kgほども与えている（ただし、一部の部位は食べ残すこともある）。

野生のパンダが食べているのも、やはりほとんど（99％程度）がタケだ。他には、その他の植物、そして小動物、魚、昆虫やそれらの死肉などを食べているらしい。

それでは、「キホン」をおさえたところで、パンダという動物にもうちょっと接近してみよう。

パンダの目——人間は見えているのか？

パンダのトレードマークであるかに見える「たれ目」が、本物の目の形やサイズと全然ちがうというのは前に触れたとおり。

では、パンダの目はいいのだろうか？

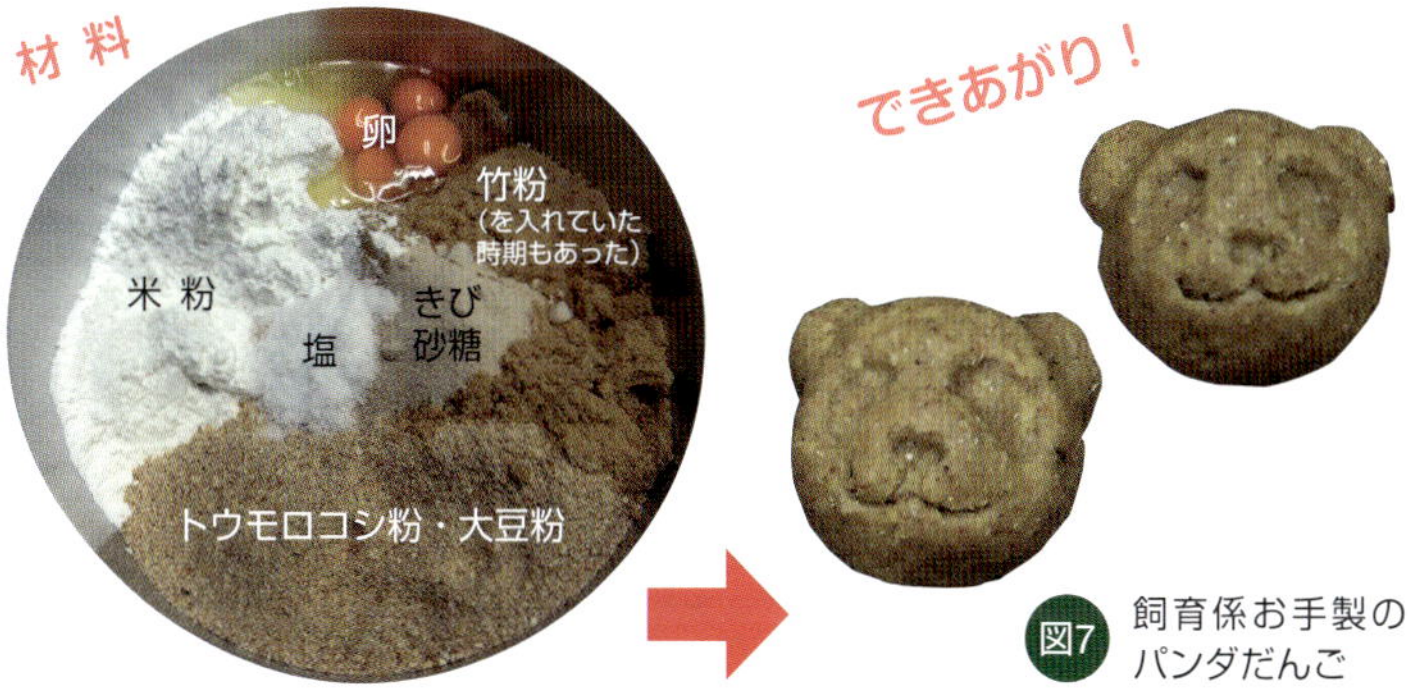

図7 飼育係お手製のパンダだんご

図8 メキシコから一時的に上野動物園にきていたシュアンシュアン　高いところから遠くを眺めるのが好きでした。「今日も来園者がたくさんいるなぁ……」。

　これについては、そもそもクマの類は近視で、視力はそれほどよくないだろうと言われている。おそらくパンダも同様だろう。しかし、それにしてはよくキョロキョロしている。いったい、高いところから何を眺めているのか？　来園者の動向観察？　実は来園者がパンダを見ているようで、逆に来園者がパンダに見られているのだろうか。

　パンダが実際、人をどのくらい識別できているのか、確かなことはわからない。ただ、現在飼育している2頭のパンダ、リーリーとシンシンは、相変わらずの人気者だが、来園者の列をキョロキョロすることはほとんどない。しかしその列の後方を飼育係が通ると、飼育係を目で追うことがあるのだ。しかも、パンダの担当者の場合に限ってのことである。その距離、10〜20m。ガラスで仕切られているため、匂いで判別しているとは考えにくい。その距離なら、人間を目で見分けているということかもしれない。

もちろん、パンダの視力を正確に検査することは無理な話である。近視と思われているそもそもの根拠は、水晶体の中心部の厚みが人間では約4mmなのに対してパンダは約7mmと約2倍厚く、ピントを近くのものには合わせやすいが、遠くのものには合わせにくいからだ。このことも考慮すると、パンダの視力は、よくて0・3といったところではないだろうか。

なお、パンダの視力のことで思い出すのは、リンリン（2008年死亡）という高齢のパンダを飼育していた時のことだ。年齢とともに視力が衰えていくのをひしひしと感じた。扉の前に近づく飼育係に、気がつかなくなっていくのだ。

20歳を超えた頃からその傾向は強くなり、晩年のリンリンの部屋には話しかけながら、あるいは鼻歌を歌いながら近づいたものだった。パンダにも人同様に「加齢性白内障」の症状がみられたというわけだ。

耳と鼻

つぎは、耳をみてみよう。

パンダの聴覚はとても発達しているといわれている。寝ている時に声を掛けると、目を向けるより先に、とりあえず耳だけをこちらに向けることがほとんどだ。そして気になる音と気にならない音があるようで、金属音や振動音は嫌がる傾向が強い。飼育係の声はもちろん、足音も聞き分けていると思われる。

一方の鼻についても、一般に、パンダの嗅覚はすぐれているといわれる。しかし、食べものを与えて観察していると、どうも2つの相反する面がみられるようだ。

まず、主食のタケを食べるときは、タケの良し悪しを匂いで選別するようなそぶりを見せる。つかんだタケを鼻先にもって行ってから食べたり、捨てたりしている光景をよく見るのだ。外見からはタケの良し悪しはまったくわからないし、我々飼育係には、タケの匂いはほとんど感じられない。しかし彼らはどうも、美味しいか、美味しくないかを匂いで選び分けているように見える。

一方、好物であるはずのニンジンやリンゴ、パンダだんごを隠して与えると、パンダたちには気づかれないまま、隠した場所にいつまでも残っていることも多い。我々にとっては、タケよりもよほど匂いがあると思うのだが……。投げ与えた時も、まずは転がった音のする方向を見るものの、見失うと、探して食べることを諦めてしまうことがある。彼らの嗅覚は、匂いの種類によって敏感さがちがうということなのかもしれない。

図9 就寝中のパンダ

シンシンによくみられる，就寝中の姿勢。頭に血がのぼりそう……。

柔軟性――ネコっぽいカラダ

パンダの手足は短く、寸胴な体型でいかにも不器用そうだ。

しかしその割に、バランスをとることには長けている。とても器用で、落ちそうで落ちない、ということがよくある。

驚かされるのは寝ている時だ。いろいろな場所で、いろいろな寝相を見せてくれる。狭い台の上、木の上、岩の上、なだらかな傾斜の地面……。人間の感覚では居心地が悪そうな場所で、仰向けでも、うつ伏せでも、横向きでも、座ってでも寝てしまう。しかもそんな不安定な場所でゴロゴロと寝返りをすることもある。時には、頭に血がのぼりそうな格好で寝ている（図9）。

こんなバランスのとりかたを可能にしているのは、臨機応変にあらゆる姿勢をとることがで

こちらはリーリー。

きる、体の柔らかさなのだろう。パンダの足腰の関節はとても柔らかい。たとえば、前肢で顔を洗うようなしぐさをしたり、耳をかいたりすることもあるのに、後頭部がかゆい時には、なぜか必ずと言ってよいほど後ろ肢を使ってかく(図10)。前肢を使うよりは明らかに不自然な格好に見えるのだが、体を丸めて器用に後ろ肢を使う。

身近な動物では、ネコもバランスのとりかたには長けている。ネコも体が柔軟だ。そしてネコもまた、前肢で顔を洗い、後ろ肢で後頭部をかく動物である。ジャイアントパンダは漢字で書けば「大熊猫」。名づけの親は、このネコっぽさに気づいていたのだろうか?

図10 前肢でもかけそうなのに，あえて後ろ肢で体かき

行動——高いところが好き

上手にバランスをとるだけに高いところに登るのは大好きで、高所恐怖症ではないようだ。幼いパンダほどよく木に登る。

図11 木の上から下りる(落ちる?)パンダ　アクロバチックに方向転換。落ちそうだが……落ちない!

もっとも、登るのは得意だが、下りるのは苦手だ。下りるというよりむしろ、落ちるという感じである(図11)。飼育しているパンダのみならず野生のパンダでさえも、木から下りられず救出されることが時々ある。

　とはいえ、彼らは高いところにいると安心するようだ。

驚いたり不安になったりした時、パンダは高いところに上がる傾向がある。あの体型からは想像しがたい身のこなしで、高いところに駆け上がる。

２００８年５月に四川省で起きた大地震のときも、震源からほど近い飼育施設で飼育されていた多くのパンダが、地震の直前に一斉に木に登ったと言われている。ヒトが揺れを感じる前に大地の異変を感じて退避行動を取るところはさすが、野生動物である。もっとも、地震の時に高いところに登るのが安全なのかどうかははなはだ疑問であるが……。

そして……カラフルなウンチ

パンダのフンは実にカラフルだ。

多くの人が、「ウンチというものはあまねく茶色っぽくて臭くて汚い」という先入観をもっているようである。そんな人も、パンダのフンを見て、触って、匂いを嗅いだら、きっと考えを改めることになるだろう。

パンダの主食はタケである。そして、そのほとんどは消化吸収されず、そのままの色で排

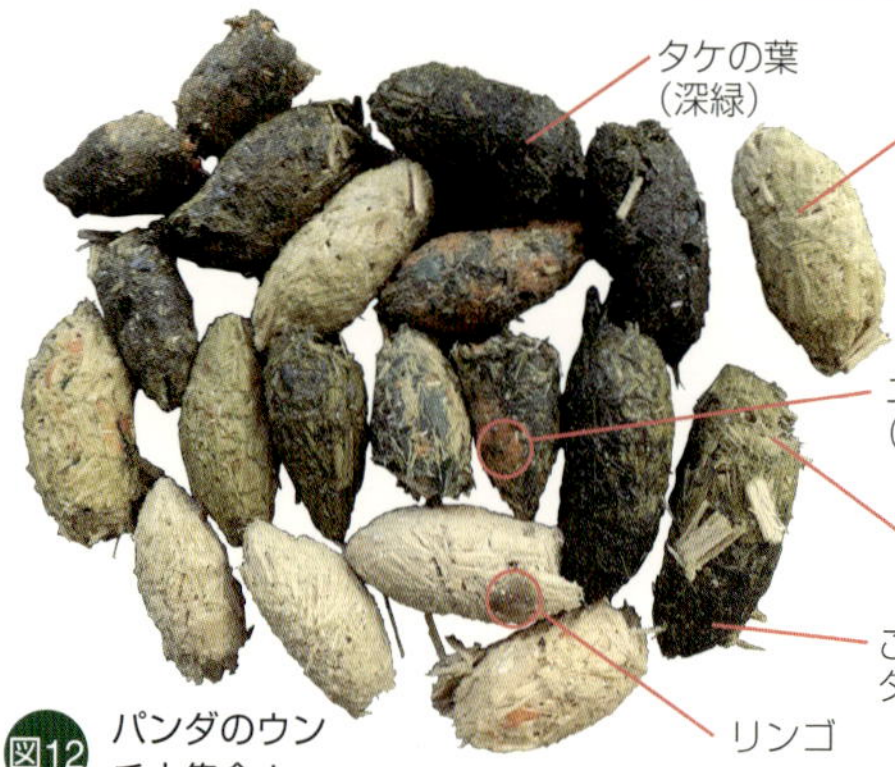

図12 パンダのウンチ大集合！

泄される。だから、パンダのフンも多くはタケ色だ。もっとも、タケが緑一色だと思ったら大間違いである。日本の色見本にも若竹色、老竹色、枯竹色など◯竹色がいくつかあるように、タケの種類や部位、年数によって色はちがい、それがほぼそのままの色彩で排泄される。

動物園のパンダのフンをよく見ると、赤やクリーム色、オレンジ色のものもある。園ではリンゴやニンジンなども与えているからだ。食べたものが押し出し式に、食べた順番に排泄される(図12)。何を食べたか一目瞭然、健康状態もすぐわかる。

ちなみに、匂いも悪くはない。タケの葉の部分のみで構成されたフンは、笹団子のような匂いがする。形を整えてラッピングしたら、団子と間違えて口に運んでしまいそうなくらいの外見と香りである。

パンダの顔が丸いのは

他のクマと比べて見てみると、パンダは圧倒的に鼻が低く、丸顔だ(図13)。パンダが他のクマよりもかわいらしく見える理由の一つは、この丸顔ではないだろうか。じつは、この丸顔にはワケがある。

パンダがタケを食べている時に、よく顔を観察してみよう。噛むたびに、耳がピクピク動いていないだろうか。ヒトも、一生懸命噛んでいる時は耳や頭部がピクピク動いたりする。これは咀嚼筋という、ほっぺたのあたりから下あごにかけて分布し、噛むことに使われる筋肉によるものだ。

パンダの丸顔は、この咀嚼筋に関係すると考えられている。すなわち、パンダがタケの幹(稈)もバリバリ噛み砕いてしまうのは、咀嚼筋の能力によるところが大きいが、咀嚼筋が発達すればするほど顔は丸くなる。さらに、その強靱な咀嚼筋を支えるための骨も発達して、よけいに丸顔になったのではないか、というわけだ。

図13 顔の丸さを比べてみよう
パンダ(上)は，ヒグマ(中央)やホッキョクグマ(下)に比べてほっぺが丸く，鼻ぺちゃ！

2

珍獣パンダのさらなる秘密

D.D. デービスによるパンダの右手首と掌のスケッチ（文献 9 より）。「パンダの親指」として名をはせた橈側種子骨もしっかり描かれている。

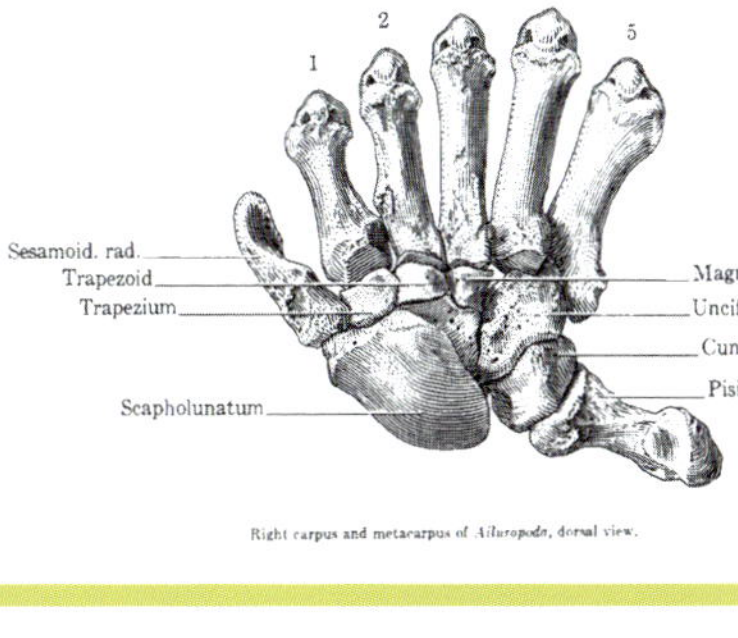

Right carpus and metacarpus of *Ailuropoda*, dorsal view.

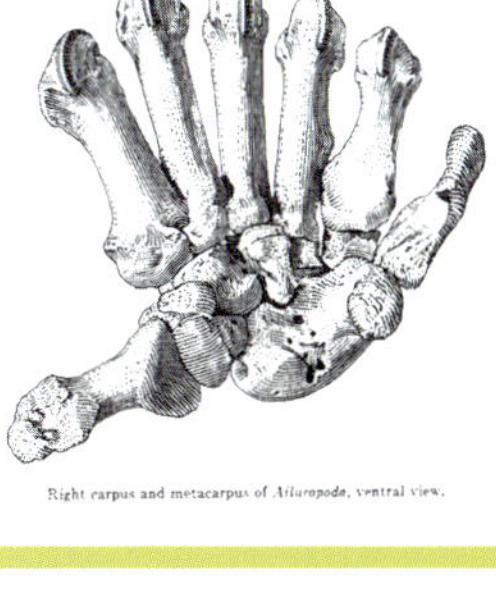

Right carpus and metacarpus of *Ailuropoda*, ventral view.

動物学者の故・高島春雄氏いわく、パンダは「世界三大珍獣」の一つだそうだ（残りはオカピとコビトカバ）。「三大」かどうかはともかく、分布地域も限られ、親戚もあまりいないパンダはたしかに謎多き動物だ。この章では、そんなパンダの素顔にさらに深入りしてみよう。

元祖パンダは赤錆色

じつは、最初に「パンダ」とされたのは、おなじみのシロとクロのパンダではなかった。

1825年8月、フランスの動物学者キュヴィエ（Frédéric Cuvier）によって、その動物は広く世に広まった。記録によれば、ヒマラヤで発見されたこの動物は、「中型の大きさで、フサフサとした尾とキツネに似た白い顔立ちをもつ、赤錆色の格好のよい動物」。そう、初代パンダはレッサーパンダ（図14）だったのだ！

第6章でも紹介するが、いわゆるシロとクロのパンダが世界に広く紹介されたのは1869年、フランス人宣教師のダビッド（Armand David）による。このとき、こ

図14 レッサーパンダ　しっぽが長いのが特徴。

のシロとクロの動物が「ジャイアントパンダ」とよばれるようになったのは、いずれも前肢を使ってタケを食べるという類似性からだ。そして大きい方が「ジャイアントパンダ」、小さい方が「レッサーパンダ（レッドパンダ）」と区別されたわけだ。

親戚はだれ

といっても、ジャイアントパンダがレッサーパンダと近い親戚関係にあるかどうかについては、実のところ、研究者らの間で長い議論があったようだ。そして近年は、それに否定的な見方をする人のほうが多い。

ここで、動物の名前について説明しておこう。

ジャイアントパンダ（Giant Panda）などは英名、英語のいわゆる通称だ。同様に中国語の通称は「大熊猫」、日本語の通称には、かつて使われていた「色分け熊」とか「白黒熊」なんてのがある。

一方で、こうした地域ごとの通称とは別に、世界共通の〝学名〟という、ラテン語由来の名前がある。学術的に使われるのは主にこちらで、グループ（属）名と、その中で種を特定する「種小名」のセットになっている。つまり、学名は生き物のグループ分けについての学術的な認識を反映したものになっているのだ。

ジャイアントパンダの現在の学名は *Ailuropoda melanoleuca*。*Ailuropoda* は「ジャイアントパンダ属」だが、直訳すると「ネコのような足をした」という意味をもつ。種小名の*melanoleuca*は「シロとクロの」という意味で、つなげると「ネコのような足をしたシロとクロの動物」というわけだ。

　この*Ailuropoda*というグループをつくったのはミルヌ・エドワード（Alphonse Milne-Edwards）で、１８７０年のことだった。ジャイアントパンダは骨格や毛皮からレッサーパンダに近いと判断したミルヌ・エドワードは、レッサーパンダ（*Ailurus fulgens*）の仲間であるという意味合いを込めて、*Ailuropoda*という新しいグループをもうけ[1]、ジャイアントパンダと、当時レッサーパンダに近いとされていたアライグマをここに入れたのだった。

　つまり、ジャイアントパンダはレッサーパンダに近いと認識され、学名上は、それが今日まで受け継がれていることがわかる。上位のグループから詳しく書くと、動物界（Animalia）脊索動物門（Chordata）脊椎動物亜門（Vertebrata）哺乳綱（Mammalia）食肉目（Carnivora）クマ

ホッキョクグマ

科（Ursidae）ジャイアントパンダ亜科（Ailuropodinae）ジャイアントパンダ属（*Ailuropoda*）ジャイアントパンダ（*melanoleuca*）となる。

しかし実のところ、ミルヌ・エドワードによる分類後、ジャイアントパンダは何の仲間なのか？という議論は100年以上も続いていた。レッサーパンダか？　アライグマか？　はたまたクマか？　それともジャイアントパンダには近い親戚がいないのか？

まずは骨の形を中心とした形態学的観点から「クマか、クマじゃないか」などと議論が繰り広げられ、1950年代以降になると、そこに分子生物学的手法が少しずつ取り入れられてくる。そして2000年以降の論文は、パンダのDNAを詳しく解析したものがほとんどだ。[2] 2010年には、ジャイアントパンダの全ゲノムが解読されている。[3]

こうした研究の結果、ジャイアントパンダはクマの仲間であることが、ほぼはっきり示された。ジャイアント

図15　クマ科の仲間たち

パンダ亜科は中新世の1800万～2200万年前に、他の現生クマ類の亜科から分岐したとみられている。現在は、ジャイアントパンダはクマ類に近く、レッサーパンダはむしろアライグマに近いというのが一般的な見解となっている。

実のところ、ミルヌ・エドワードによって変更される前、ダビッド神父が最初につけた学名は*Ursus melanoleucus*[4]。*Ursus* はヒグマ属を表す。ダビッドは、ジャイアントパンダをクマの仲間と考えていたことがわかる。そして結局のところ、このダビッドの見立てが正しかったらしい、ということになる。

ここであらためて、パンダと他のクマたちとの写真を見比べてみよう(図15)。パンダがクマだということが、直観的にも、納得できるのではないだろうか。

パンダの中の微妙なちがい

もっとも、「ジャイアントパンダ(*Ailuropoda melanoleuca*)」の中にも、さらに地域による微妙なちがいがあることが、最近の研究から示唆されている。

2003年の研究によると、現在パンダが生息する6つの山地や山脈のうち、陝西省の秦嶺山脈のパンダと、他の5地域(四川省と甘粛省の一部)のパンダとは遺伝的な隔たりがとくに大きく、少なくとも1万年の間、双方の交流がなかったとみられるという。

その後におこなわれた形態学的分析も、この結果を支持している。秦嶺のパンダは四川パンダに比べ、骨格が小さく、臼歯が大きいといった特徴をもつという。さらに毛皮の色も、四川パンダのクロとシロに対し、秦嶺パンダは暗褐色と褐色の個体が多くみられる（図16）。

これらのことから、四川のパンダと秦嶺のパンダは現在、「種」の下のグループである「亜種」のレベルでは別々とされている。ちなみに元祖パンダのレッサーパンダにも、ネパールの地域集団と四川省の地域集団があって、やはり別々の亜種とみなされている。

パンダのルーツ
——アジア発か、ヨーロッパ発か

四川のパンダと秦嶺のパンダが分かれるもっともっと前へと、時代をさかのぼろう。パンダは、いつからいるのだろうか？

中国におけるパンダの祖先は、800万年前の化石に遡ることができる。「始パン

図16 陝西省で公開された茶色のパンダ
写真：Newscom/アフロ。

ダ」と名づけられたそのパンダは、いまの雲南省あたりの温帯雨林で生活していたようだ。太ったキツネのような外見で、肉食だったと考えられている。一部は広くヨーロッパの方にも分布を広げていったようだが、ヨーロッパでは５００万年前頃に姿を消して、中国の中部から南部でのみ生き残って現在に至るというのが、現在のもっとも有力な説だ。

この「始パンダ」は、現在のクマ属の特徴とジャイアントパンダ属の特徴を兼ね備えていることから、新たな属として、始パンダ属（*Ailurarctos*）と名づけられている。化石の記録から、この始パンダ属には少なくとも２つの異なる種、*Ailurarctos lufengensis* と *Ailurarctos yuanmouensis* が存在したと考えられている。

ところが最近になって、ヨーロッパ各地のさらに古い地層から、パンダの仲間である可能性のある化石が発見されている。これらの多くは、現在のパンダとの共通性を証明するには不十分だったが、ついに２０１２年、スペインの２カ所で発見された１１６０万年前のあごと歯の化石が、それまでヨーロッパで発見されていた *Agriarctos* 属とは異なり、よりパンダの特徴に近いことが示唆された。[6] *Kretzoiarctos beatrix* と名づけられたこの種は、体重60kgを超えず、現生のクマ類では最小のマレーグマと同じくらいのサイズだったと推定されている。その歯から推測すると雑食性だが、すでにタケなどの硬い植物物質を食べるのに適した特徴を多くもつ。

では、パンダは約１１００万年前にはヨーロッパにいて、その後アジアへと広がったということなのだろうか……？

スペインの2つの化石は断片的で、パンダの起源を証明するには至らず、決着はまだついていない。800万年前の始パンダとの関係も、謎のままだ。

「パンダの親指」の真相

現存するパンダと他のクマ類では、歯の形が大きくちがう。化石においても、「クマか、パンダか」の決め手として有効なのは、歯の形だ。前述のスペインの化石からしても、歯の形はかなり早い段階で草食に適した形状に進化してきたことがうかがえる。

もう一つの大きなちがいは、前肢、つまり「手」の骨格だ。パンダの中手骨の隣にそびえる「橈側種子《とうそくしゅし》骨《こつ》」という骨は、他のクマ類よりも巨大なのである。

この骨がタケをつかむのに役立っているのではないか？――かつて、そう考えた先人たちがいた。1人は、イギリスの人類学者で解剖学者でもあるウッド・ジョンズ(Frederic Wood-Jones)で、1939年にパンダの前肢に関していくつかの論文[7・8]を発表している。もう1人はアメリカのデービス

図17 細いタケを器用につかんで食べるリーリー

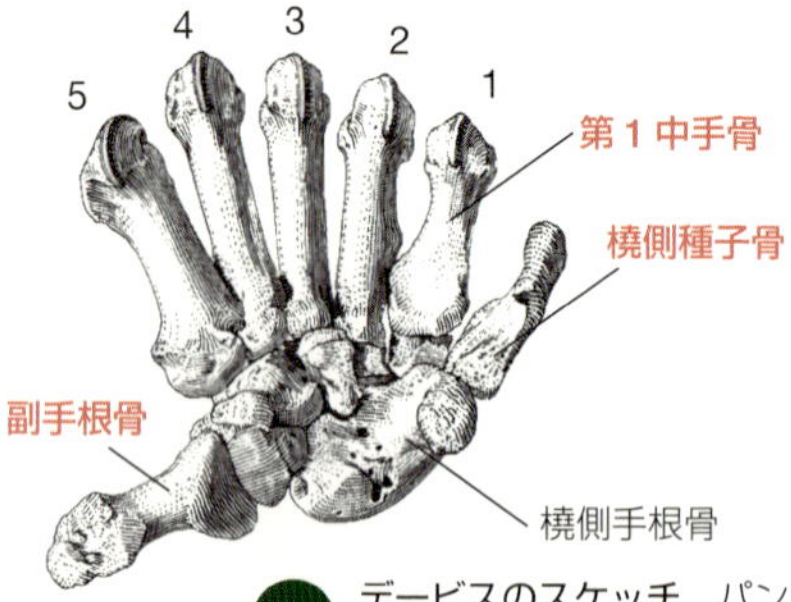

図18 **デービスのスケッチ** パンダの右の手首と掌の骨。1〜5は順に，親指〜小指の付け根にあたる。文献9より。

(Delbert D. Davis)で、1964年にパンダの解剖書[9]の中で詳細な前肢のスケッチ(図18、本章扉も参照)を掲載している。

そして両者とも、橈側種子骨に着目し、この骨が筋肉や靱帯とつながっており、動かして指に接触させることができると考えた。要するにこの橈側種子骨は、タケを握るとき、まるで私たちの親指のようにはたらく、と考えたのだ。この骨が「第6の指」とか「偽の親指」とよばれるようになったゆえんである。

しかし、長年信じられてきたこの定説を覆し、真相を解明したのが、遺体科学者の遠藤秀紀氏(東京大学総合研究博物館)と、上野動物園で飼育されてきたパンダたちである。遠藤氏はこれまで、上野動物園の4頭のパンダの解剖に携わってきた。

遠藤氏はまず、1995年のフェイフェイの解剖時に、「偽の親指」がほかの指と別々には動かないこと、ひいては橈側種子骨だけでは物を器用に把握できないことを示唆した[10](これにはかなりの反響があったそうだ)。そして1997年のホァンホァンの解剖時、体内を非破壊で画像化できるCTスキャンと核磁気共鳴画像法(MRI)を利用し、モノをつかむ動作を遺体から復元。その結果、橈側種子骨とは反対側の小指側にある副手根骨《ふくしゅこんこつ》が、橈側種子骨とともに他の指と筒状の形をつくってタケをはさみこむという、とても重要な役割を果たしていることを見いだすのである[11,12](図19)。

遠藤氏はこの仕組みを、「第6の指」や「偽の親指」に対して「二重ペンチ構造」と名づけている。パンダの「手」の骨格が草食に適した構造になっていることも、橈側種子骨が重要な役割を果たしていることも2人の先人の見立て通りだったものの、実際には橈側種子骨のはたらきかたは大きく異なり、また、もう一つの骨の寄与も見逃されていたということだ。

草食化しきれていない?

このように、パンダの歯や前肢は、現存する他のクマ類と比べて明らかに草食に適した形になっ

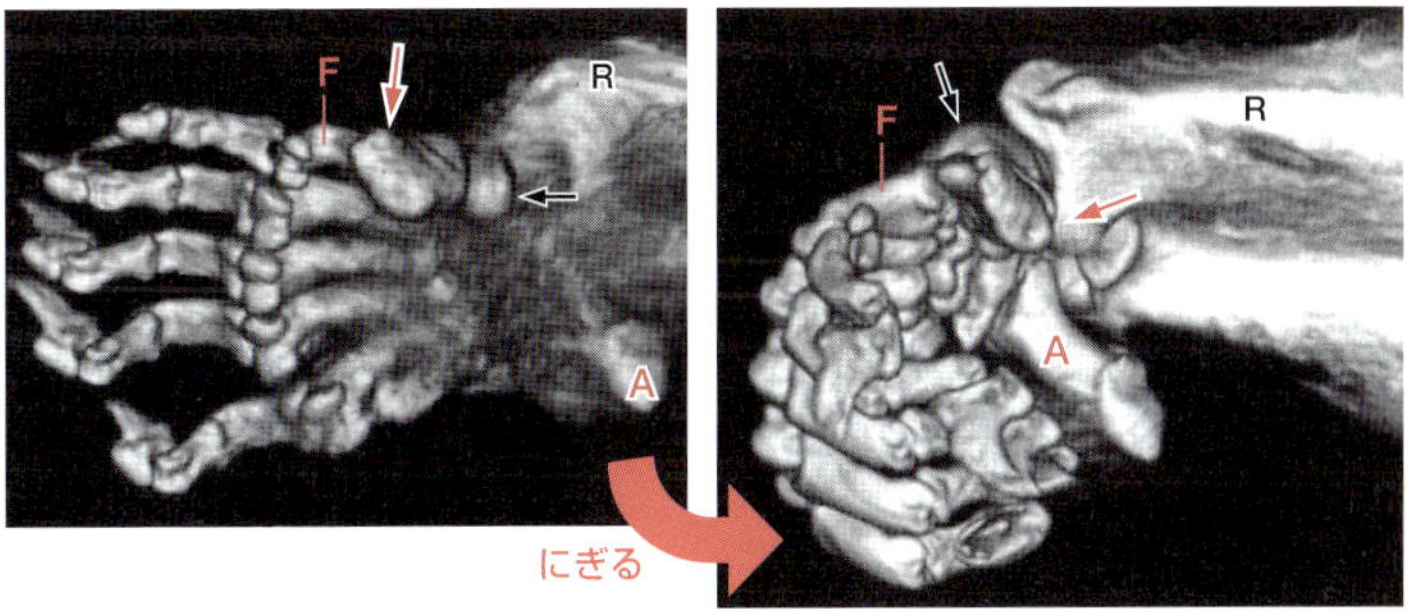

図19 **ホァンホァンの右手 CT 画像の三次元復構像**　(左)開いた状態，(右)閉じた状態。大きい矢印：橈側種子骨，A：副手根骨，F：第 1 中手骨，R: 橈骨，小さい矢印：橈側手根骨。文献 12 より。橈側種子骨と第 1 中手骨が一体となって動く。© 1999 Anatomical Society of Great Britain and Ireland

ている。

一方で不思議なのは、食べたものを消化する消化器官のほうは、現存するパンダと一般的なクマの仲間とでそう変わらないということだ。たとえば草食動物のウシでは体長の20倍もの長さの腸をもち、この長い長い腸を通る間に食べた草が少しずつ消化されていくのに対し、パンダの腸の長さは体長の4～6倍程度でしかない。ちなみに肉食獣の代表格であるライオンは約4倍、何でも食べるヒトでも4倍くらいだ。

じっさい、パンダは口にしたタケをほとんど消化することなく、6～7時間後にはほぼそのままの色のフンとして排泄してしまい、消化しているのはたった2～3割だといわれている。パンダが食べて寝てばかりというのも、ひとつには、エネルギーを節約するためなのだろう。1日の活動範囲はサッカーグラウンド1つ分程度だという報告もある。野生のパンダでも、行動パターンは飼育下と大差はないと言われている。

ちなみに、木の上でのんびり生活するナマケモノでは、消化もゆっくりだ。食べたものは1カ月近くかけてゆっくり、しっかり消化したうえで排泄される。パンダは行動はのんびりなのに、食べたものだけは迅速に体外に出ていくというわけだ。

腸内細菌の謎

腸の長さが肉食獣並みなら、せめて中身くらいは、草食化に適したものになっていないのか？ と、多くの研究者が考えた。ヒトを含めた多くの哺乳類は、食物繊維を独力では消化できず、代わりにたくさんの微生物を胃や腸の中に住まわせて消化させているからだ。

たとえば草食動物の代表格であるウシの仲間は、独特の胃をもっている。焼肉好きの人は知っているかもしれないが、胃は4部屋に分かれていて、口に近いほうから順に、焼肉の種類で言うとミノ、ハチノス、センマイ、ギアラだ。このうちミノ・ハチノス・センマイは、食道が変化したものと考えられている。4つめのギアラだけが、ヒトの胃と同様、胃液を分泌してタンパク質を消化している。

ウシはこの1部屋めの「ミノ」に微生物を住まわせ、その微生物が植物を分解してつくってくれた「お酢」の仲間を吸収しているのだ。さらにはその微生物も、4部屋めの「ギアラ」で消化している。

同じく草だけを食べて生き続けるウサギでは、盲腸が大きく発達している。盲腸には、食物繊維を分解する細菌が多く住んでおり（こうした腸内の細菌をまとめて「腸内細菌」とよぶ）、この腸内細菌が「お酢」の仲間を作りだす。ウマやゾウでも、盲腸が発達している。

一方、パンダも食事の90％以上はタケなのに、盲腸はもっていない。これは他のクマ類と共通した特徴だ。しかしそれでも、省エネ生活とはいえ、あれだけの大きさに成長するからには、パンダは何か微生物の力を借りているのではないか――。たくさんの研究者が、パンダの腸内細菌を調べた。

そして２０１１年、中国科学院の魏輔文氏らの研究チームにより、やはり「腸の中身はちょっと草食化しているらしい」という結果が発表されている。[13] チームでは、野生や飼育中のパンダのフンを採取し、その中に現れる微生物のＲＮＡ遺伝子５０００種類以上を集めて、草食動物の腸内細菌と比較した。その結果、パンダの腸内では、他の草食動物にもみられるような、セルロースを分解できる細菌に近縁なものが13タイプ見いだされたことに加え、

BOX 1 腸内細菌の使いみち

パンダの腸内細菌の分解能力にあやかろうという試みも，少しずつ生まれている。

たとえば，ミシシッピ州立大学の生化学者アシュリー・ブラウン(Ashli Brown)氏によると，パンダの腸内細菌が生成する酵素を利用して，バイオ燃料を安く効率的に生産できる可能性があるという[14]。現在のところ，トウモロコシや大豆，サトウキビを原料としたバイオ燃料の生産には，コストがかかる上，環境に悪影響を及ぼす化学薬品や強酸が使われている。そこで，大量の竹を消化するパンダに目をつけたのだ。研究チームは，アメリカのメンフィス動物園のパンダのフンの中の腸内細菌が，植物の乾燥重量の 95% を単糖に変換しうることを見いだしたという。

さらに，同様の研究で，北里大学の田口文章名誉教授が 2009 年，栄えある「イグノーベル賞」を受賞している。こちらは，「生ごみを減量するために，パンダのフンから採取した細菌を使う」という着眼だ。

田口氏は，上野動物園から譲り受けたパンダのフンから分解能力の高い細菌を発見。それを採取して家庭の生ゴミで実験したところ，95% 以上を水と二酸化炭素に分解することに成功した。この細菌を使えば，家庭で生ゴミの大部分を分解することが可能になり，ゴミの量が大幅に減少することが期待できるという。

パンダ特有のものも7タイプ発見できたとのこと。さらにメタゲノム解析(微生物を1種ずつ独立にではなく、集団丸ごとゲノム解析すること)を行うと、セルロースなどの繊維質を分解できる酵素の遺伝子も見いだされたことから、繊維質を分解できる細菌が確実にパンダの腸内に存在していることが証明されたということだ。魏氏らはこの結果をうけて、肉食獣的な消化器系にもかかわらずパンダがタケばかり食べていられるのは、タケをつかむための指や噛むための筋肉の発達などのほか、こうした腸内細菌のおかげでもあるかもしれない、と推測している。

肉の味がわからない?

パンダの「草食化」適応をうかがわせる話はもう一つ。パンダはそのはるか祖先の段階で、肉の旨味を感じる能力が失われてしまっているようなのだ[15]。

すなわち、パンダでは、肉の旨味を感じるUmami受容体を構成するタンパク質を作る*Tas1r1*という遺伝子が、およそ420万年前に、そのはたらきを失うような変異を起こしたらしい。化石の記録から、パンダが部分的な草食になったのが約700万年前で、200万年前頃になると現在と同様の食生活へと進化したと推定されているが、旨味遺伝子の変異が420万年前に起こったという結果はそれとも符合する。

肉食パンダの衝撃

そうはいっても、パンダは肉食を忘れてはいない。中国では、家畜がパンダに襲われるという事件がときどき起きる。農家もパンダが相手では、怒るに怒れないようだ。

肉をむさぼるパンダなど、なかなか想像しがたい。ところが２０１１年の11月、ついに、決定的瞬間をカメラがとらえることとなる。

その年の10月、四川省平武県林業局のスタッフは、自然保護区内を観察していた際、倒れたターキン（ウシ科の哺乳類）の死体を見つけた。傷口から肉食獣に襲われたものと推測し、その正体を調べようと、付近の木の上に監視カメラを設置。12月の初めにカメラを回収したところ、そこに写っていたのはなんと、肉を食べるパンダだったのだ！

映像では、11月9日の21時から翌朝5時にかけて、おとなのパンダが死肉を物色し、その後、美味しそうにターキンの死体を食べていた。ターキンの傷口から、最初に致命傷を負わせたのはパンダではないはず。しかし、そのおこぼれをパンダが食べるとは衝撃的だったようで、中国のみならず世界中のニュースとなり[16]、多くの人の関心を引いたのだった。

パンダにも美男美女？

上野動物園でリーリーとシンシンの一般公開が始まって以降、飼育係として毎日のように彼らを見ている私は、2頭の見分け方を尋ねられることが数多くあった。たしかに、2頭を並べて見比べるならまだしも、1頭だけを見てその特徴をとらえるのは難しい（図20）。

では、パンダたちどうしではどうなのか？　パンダたちは、どうやってお互いを見分けているのだろうか。オーストリアの動物園で、そんな興味深い研究を行った研究者がいる。[17] パンダにとっても、交尾の相手は「見た目」が重要か？　という実験だ。

まず、○、△、□の区別がつくのか。次に、左右一組の黒い楕円模様が「ハの字」か「逆ハの字」かなど、配置のちがいがわかるか、そして同じ「ハの字」でも、角度（開き）が微妙にちがうのを区別できるのか。さらに、楕円ではなく、よりリアルにパンダの顔の隈どり模様に似せたいくつかの形を識別できるのか――（図21）。

図20　リーリー(左)とシンシン(右)を見比べてみると……
よーく見ると，隈どりの形と背中の黒い部分にちがいがあるのだが……。

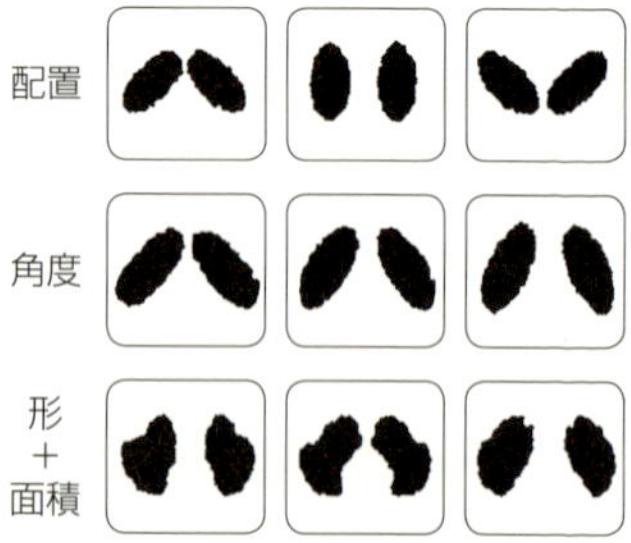

図21　隈どり模様の識別実験（一部）
上から，「ハの字」と「平行」と「逆ハの字」，微妙な角度のちがい，よりリアルな模様のちがい。文献 17 を参考に作成。

その結果、パンダはすべての試験で、ちがいを識別できることが確かめられた。しかも、場合によっては半年ないし1年たっても、試験のときに見た形を記憶していたというのだ。

この研究は、パンダがあの黒い隈どり模様を、個体どうしを十分に識別するに足るほどのレベルで見分けていることを示している。パンダにとっての「美男」「美女」という感覚だってあるかもしれない。

パンダの飼育係をしていると、彼らにも表情があることに気がつく。そしてまた彼らも、飼育係の表情をうかがっていると感じることが多々ある。普段のコミュニケーションから恋人選びまで、パンダにとって顔は予想外に重要なのかもしれない。

シロとクロの理由

パンダの大きな謎の一つは、あの独特の配色だろう。パンダのかわいさを決定的にしているあのシロとクロ（図22）は、いったい何のためのものなのだろうか?

実のところ、これには諸説いろいろある。目の周りがクロいのは雪の照り返しから目を保護するためだとか、黒は保温効果があるので冷えやすいところがクロいのだとか、とにかくいろいろ言われているのだ。その中でも以前までは、あのツートンカラーが竹林の中で保護色になる、あるいは雪の中で目立たないなど、天敵から身を守るのに役立っている、というのが一般的な解釈だった。

しかし、そもそもパンダに天敵がいるのだろうか？　少なくとも、現在のパンダの生息域には大型肉食獣は存在しない。親離れしたばかり、あるいは弱っている小型のパンダが、ゴールデンキャットなどの小型の動物に襲われるくらいだろう。それゆえ、少なくとも現在の状況からすると、あの白黒が保護色として役立っているわけではなさそうだ。

そこで、近年では逆に「目立つため」という説が支持を得ている。あのツートンカラーは森の中ではむしろ目立ち、繁殖期に、広大な生息域の中で相手を見つけやすくするのに役立っているというのだ。

図22　隈どり模様をなくしてみると……　ちなみに元の写真は図 20 のシンシン。
イラスト：上村一樹。

ただ、いま天敵がいないからといって、過去にもいなかったとは限らない。パンダは少なくとも200万年前から、現在に近い生活を送っていたと推測されている。その頃は、生息域はもっと広く、大型肉食獣との争いも存在したかもしれない。

そんな大型肉食獣に対する、パンダの潜在的な認識能力を調べた報告もある。[18] ヒョウなどの捕食者と、シカなどの非捕食者の尿の匂いに、飼育下のパンダがどのような反応を見せるかを調べたのだ。

パンダは数種のヒョウの匂いに対して反応し、警戒行動をとった。シカの匂いに対しても興味は示し、マーキングなどは行うものの、ヒョウ相手と比べると、警戒行動は少なかったという。この結果からすると、パンダは、潜在的な捕食者と非捕食者をかなりこまかく区別できているのかもしれない（ちなみに、他の種の動物の匂いに対する興味は、メスよりもオスで顕著だったそうだ）。

ただ、パンダたちは警戒はするものの、逃げるまでには至っていない。これは、飼育下のパンダでは逃げる行為自体が失われたからだという可能性も否定できないが、少なくとも、パンダたちが潜在的な「天敵」臭に対して積極的に身を守る行動までは見いだせていないのである。結局、保護色をまとってまで身を守る必要があったのかどうかは謎のままだ。

怒ったときは「ワン」と鳴く

前述のように、パンダはクマの仲間とするのが最近の一般的な考え方だ。その「クマ」という名前の語源について、「クマ、クマ、クマ」と鳴くからだ、という説があるという。そう言われて上野動物園のツキノワグマの前でよく耳を澄ませていると、稀にそれらしき声が聞こえることがある。どちらかというと、「クワッ、クワッ、クワッ」という感じだが。

では、パンダは？

残念ながら、「パンダ！」とは鳴かない。とはいえ、パンダにも鳴き声はある。黙々とタケを食べるイメージが強いかもしれないが、パンダだって鳴くのだ！

成獣のパンダでは、オスにもメスにも十数種類の鳴き声があると言われている[19,20]。実際に飼育していても、3種類くらいの声はよく耳にする。

声を発するのは、飼育係に何かを訴える時だ。お腹が空いたときや不満や要求がある時は、「メーメー」とヒツジのように鳴いたりする。不安な時は「フゥン、フゥン」と子犬のような声で鳴く。怒った時は「ワン‼」とおとなの犬のように鳴く。

飼育係に声で呼びかけようとするくらいなのだから、声はパンダどうしでも重要なコミュニケーションツールであるにちがいない。特に繁殖期には、オスどうしは威嚇して吠え合い、オスとメスは交配適期を鳴き声で確かめ合う。発情期のオスとメスは、「メーメー」という羊鳴きと「キュッ、キュッ」という感じの鳥鳴きでコミュニケーションをとっている。

では、パンダの鳴き声にも、ヒトのように個体差があるのだろうか？

近年の研究によると、鳴き声にはさまざまな個体情報が含まれていて、パンダはそれらを聞き分けていることがわかってきた。[21〜25] どうやら、メスが交配相手を選ぶにあたっては、模様や体格といったルックスだけではなく、声にも好みがあるようだ。とくに、大きなオスの声に対する反応がよいらしい。

一方、オスどうしでは、自分より大きなオスの声に対する反応が強いようだ。縄張り争いや繁殖期の相手選びにはいろいろな要因が関係しているようで、ホルモンやフェロモンなどの化学物質と、鳴き声によるコミュニケーションの両方が重要らしい。尿や肛門腺に由来するフェロモンなどの化学情報が、鳴き声によるコミュニケーションを促し、さらにそれが行動を引き起こすこともわかってきた。こうした結果をうけて、「近年、飼育下のパンダを自然交配に導けないのは、飼育管理者が化学物質に注目しすぎるあまり、声によるコミュニケーションの重要性を見落としているからだ」と警鐘を鳴らす研究者もいる。[26]

育児におけるコミュニケーションのとりかたも、ヒトとパンダは似たようなものだ。パンダの母子では、子の鳴き声に親が声で応えることがないというちがいはあるものの、パンダの子も鳴き声で感情を表現するし、[27] 状況に応じて異なる鳴き声を出すこともできる。

そこで思い出すのが、スペイン生まれの「赤ちゃんの泣き声分析器」だ。泣いている赤ちゃんのそばに器機を近づけると、「空腹」「退屈」「不快」「眠気」「ストレス」の5つの状態のいずれかがアイコンで表示される。生後10カ月くらいまでの赤ちゃんが対象で、スペインでの実証実験では約90%の正解率だったとか。実際に私も我が子に使ってみたが、思った以上に当たっているようだった。パンダも、例数を稼げば同様の機械を作ることができるかもしれない。ちなみに犬語翻訳機の開発者らは2002年、ヒトとイヌに平和と調和をもたらした業績によってイグノーベル平和賞を受賞している。

COFFEE BREAK

右利き？　左利き？

1980年、上野動物園にホァンホァンが来園した直後の2月2日の読売新聞(夕刊)には、「ホアンホアンはサウスポー」という見出しの記事が掲載されている。ホァンホァンは物をつかむときに、左手を使うことが多かったようだ。

ヒトの場合は圧倒的多数の約9割が右利きだが、200〜250万年前の原人類では右利きは約6割だったことが、ホモ・ハビリスの作った石器からわかっている。しかし、どうして人類が右利きに偏っているのかという明確な理由は明らかになっていない。

ほかの動物ではどうか。4足歩行の動物にはあまり関係のない話のようだが、面白いことに、手足のない魚やヘビでも右利き・左利きの存在が報告されている[28,29]。魚やヘビの「利き手」も、食性と関係がある。手を巧みに使ってエサを食べるパンダにも、調べてみたら利き手はあるのかもしれない。

私自身も、リンリンというパンダを飼育していて、エサを食べる時の手の使い方に疑問を感じていた。リンリンはパンダ特有の「握る」ということよりも、手の甲に「乗せる」ことを得意とし、リンゴなどの丸いものも、バランスをとって落とさずに食べていた。この動作に左手を使うことが多いことが、気になっていたのだ。

その謎を解明する、またとないチャンスが訪れた。リンリンの死亡時に、かの遠藤秀紀氏が解剖することになったのだ。そこで遠藤氏には、掌の筋肉や腱に異常がないか、利き腕はあるのかなど、可能な限りの解明を依頼した。

しかし、可能な限り調べてくれた遠藤氏の答えは「異常なし」だった。両前肢の掌に異常はみられなかったし、左右にも著しい差異はみられず、利き腕までは判断できなかったということだった。「握る」ことも普通にできるので、結局、両利きで手の甲も使える器用なパンダだったということだ。飼育係の素朴な疑問でもトコトン調べて結果を教えてくれる遠藤先生には感謝である。

ちなみに、私が現在飼育しているリーリーとシンシンを見ていると……やはり右利き・左利きはあるように感じる。シンシンは体を回転させるときに反時計回り、すなわち左回りを得意とするようなのに、リーリーの反時計回りはほとんど見たことがない。リーリーは右利き、シンシンは左利きか？　真相はいかに！

3

パンダを飼うということ

パンダの足腰を鍛えるトレーニング風景。

パンダの飼育係

2014年9月現在、上野動物園のパンダの飼育係は、私を含めて5人いる。私の仕事を尋ねられて「パンダの飼育係です」と答えると、多くの場合、「スゴイ!!」「うらやましい」という反応が帰ってくる。たしかに、希望を出して簡単になれるわけではなく、1972年のカンカンとランランの来園以来、このチャンスをつかんだ人はまだ40人程度しかいない。

とはいえ、現在の5人からして、パンダに対する想いと経歴はさまざまだ。努力してパンダの飼育係を見事に射止めた人もいれば、さまざまな経験を配慮して選ばれた人、運や縁で配属された人もいる。

私の場合、上野動物園で飼育係になって3年目の2004年、意に反してパンダの飼育係に「なってしまった」。飼育係1年目は主に小動物の担当で、担当動物のことを知ることに必死だった。2年目になってようやく自分なりの考えをもって飼育できるようになり、その成果が現れ始めた3年目の担当変更だった。パンダが嫌だったのではないけれど、もう少し自分の取り組みの成果を見届けたいと思っていた。

パンダの飼育係は選任された特別な人というイメージがあるようだが、そんなことはない。その希少性から飼育が難しい動物だと思われがちだが、これがまた、どちらかというと比較的世話の焼けない部類のようだ。前述のようにエサは基本的にタケと決まっているし、ゾウや類人猿ほど、飼育係にはコミュニケーション能力や相性が必要とされない（パンダにとっては、エサをくれる人なら誰でもいいのだ、という説も）。飼育する上で特別なことはなく、他の動物と同じように給餌と掃除をしながら、粛々淡々と日々の作業をこなしていくだけだ。

ただ、そうはいってもやはり、パンダの飼育にはパンダならではの特殊な事情もある。この章では、それらをちょっとずつ紹介していこう。

運んでくるのに一苦労

まずパンダは、飼育以前に、動物園まで運んでくるのが大変なのだ。

ワシントン条約の附属書Ⅰ（絶滅のおそれのある種で、取引による影響を受けている、または受けるおそれのあるもののリスト。掲載種は例外を除き、取引を禁じられている）に掲載されている動物だから、もちろん、普通のやりかたでは輸入できない。「学術研究目的」であることの証明など、条約で定められた輸出入の許可申請をしなければならない。それも直行便ではない場合、経由地の国に対しても、申請書などの書類が必要だ。ちなみに、パンダの生体のみならず、2003年にリンリンの精液をメキシコに送った際にも、日・メキシコ双方で許可申請が必要だったという。

さらにリーリー・シンシンのときは、厚生労働省に対する衛生面の証明も大変だったと聞く。というのも厚生労働省は、動物が媒介する伝染病の増加をうけて2005年から「動物の輸入届出制度」を導入。この制度下では、動物を輸入する者は当該動物の種類や数量などを厚生労働大臣（検疫所）に届け出なければならず、またその際には、動物が特定の感染症にかかっていない旨などを記載した、輸出国政府機関発行の証明書の添付が必要なのだ。中国は狂犬病発症国のため、2頭のパンダが狂犬病に感染していないことを、中国の政府機関に証明してもらう必要があった。

この他にも、関税に関する書類やパンダ輸送の保険、飼育の保険など、書類手続きだけでも膨大な量にのぼる。

そしてそれと並行して、飛行機の予約から輸送のすべてを手配しなければならない。

1972年のカンカン・ランランにはじまる4頭は、「中国政府から日本政府への贈り物」（第6章参照）だったために、日本国政府が専用のチャーター機を用意してくれたのだが、そんなのはもはや過去の話だ。さらに空路のみならず、空港から動物園への陸路の輸送の手配もある。

1992年のリンリンのときには、ダイヤの都合上、空路には中国国際航空が利用された。そしてリーリーとシンシンのときには、初めて全日空を利用している。注目度が高い動物の輸送だけにいくつかの航空会社から打診があったのだが、全日空には近年、和歌山のアドベンチャーワールドのパンダを運んだ実績もあった。

ちなみに、ここ数年で一番パンダを運んでいる会社はFedExだ。さすがは運送会社だけあって、パンダ輸送専用の輸送箱やトラック、飛行機をもち、アメリカはもちろん、イギリスやフランスも利用している。全日空にはパンダ輸送の専用機はないが、パンダを運ぶには最適の特別塗装機(図23)があった。だから全日空機を選んだわけではないのだが……。

北京式から四川式へ

基本的には中国をお手本としてきたパンダの飼育。実は、2011年のリーリー・シンシン来園時に、大きな変化があった。いわば、「北京式から四川式へ」というべき変化だ。

中国で生まれ育って上野動物園にやって来た7頭のパンダのうち、1972年来園のカンカン・ランランから1992年来園のリンリンまでの5

図23 リーリーとシンシンを乗せてきた全日空「FLY! パンダ」号　多くの人が2頭のための特別塗装だと思ったようだが，実は2007年から北京線や広州線を中心に運行されているボーイング767型機。このときは，全日空が他の航路から特別に手配し，上海から成田空港まで，お客さんと2頭を乗せてきた。

頭は、中国での時間のほとんどを北京動物園で過ごしてきた。そのため上野動物園では長らく、カンカン・ランランとともに来日した北京動物園の飼育係、堵宏章さんの飼育指導に基づく、北京動物園のやりかたを踏襲してきた。わずか10日間の飼育指導だったが、以降２００８年4月にリンリンが死亡するまでの36年間、その基本的な飼育スタイルはほとんど変わることはなかった。

しかし、２０１１年2月に来園したリーリーとシンシンは、生まれも育ちも四川省。一緒に四川省からやってきた張貴権さんと黄山さんの指導や、それ以降も適宜もらえるアドバイスは、それまでの36年とは大きく異なるスタイルだった。

もっとも大きなちがいは、エサの内容だ。北京動物園から伝授された「北京式」では、タケ以外の副食中心、つまり果物や特製の「パンダだんご」などをメインに与えていた。たとえばこの方式で飼育されていたリンリンは、タケはそもそも葉っぱしか食べず、幹（稈《かん》）を食べるところを見たことがなかった。与えていたタケは1日約20kg、2種類のみ。そして副食でお腹が満たされてしまえば、タケはそれほど食べない。

それに対し、新たに教わった「四川式」では、主食のタケをしっかり食べさせる。

２０１０年の初夏、リーリーとシンシンの受け入れ準備のために、四川省などへ飼育状況を調査に行って驚いた。話を聞いた2カ所の施設のいずれでも、20～30種類のタケから日替わりで数種類を選び、毎日60kgも給餌しているというのだ。

第5章でも紹介するように、こうしたパンダ生息地付近の繁殖研究センターで編み出された「四川式」のコンセプトは、「自然に近い環境で、自然に近い食生活で」というものだ。現在では、「北京式」の本家である北京動物園も、このスタイルへとシフトしている。こうした変化の背景には、「生かすための人間の都合の重視」から「パンダ本位」へという、飼育における大きな発想の転換があるようだ。

タケの調達

北京式にせよ、四川式にせよ、1日1頭あたり何十kgものタケを確保するのはそう簡単ではない。

初代のカンカンとランランの来園時には、まず、クマザサを与えてみたらしい。これは、クマザサは料理の飾りに使われるため、唯一、市場で流通している品種だったからだ。しかし、クマザサは2頭のお気に召さなかった。他に、生け垣に使われるような園芸種も検討されたが、毎日、1頭あたり10～20kgという量の供給にはほど遠い。

そこで当時の飼料班は、全国100カ所以上のタケの生育地へと足を運んだようだ。あれこれと調査して試した結果、1年を通して手に入りやすく、パンダの嗜好性も高かったのがモウソウチク(孟宗竹)だった。そこで、竹工芸品で有名な栃木県大田原市の竹林から毎週、1週間分のモウソウチクを運んでもらうことになったのだった。

図24 パンダに与えているさまざまなタケ

しかし、それにも限度があった。パンダを飼育し始めて20年以上が過ぎ、上野動物園のパンダは4頭になっていた。タケの採取量が増すと品質が劣り、パンダがあまり食べなくなってしまうという事態が、1995年度ごろから起きるようになってきた。再び飼料班を中心に、タケの調査が始まる。園内で数種類のタケを栽培してみたり、植物園から取り寄せてみたりという努力が何年も続いた――。

そんな模索の結果、ひょんなご縁で、1999年4月からは伊豆からタケが運ばれてくるようになった。なんと、もともとは動物園や水族館に、水産加工物をエサとして納品していた水産業者さんだった。北京式だった当初はモウソウチクとメダケ(雌竹)の2種類だけだったが、四川式の今では5～6種類のタケを、私たちのリクエストに合わせて毎週届けてくれる(図24)。タケ不足はめでたく解消されたわけだ。

もっとも、日本などアジア諸国では、多くの種類のタケが自生しているからまだましな方らしい。世界には1200種ほどのタケやササの仲間があり、その約3分の2はアジアに自生している。オーストラリアではタケが3種類ほどしか自生していないため、広大な土地にエサ用のタケを数種類栽培しているとか、イギリスはヨーロッパ大陸から輸入しているとか、いずれも、調達は日本よりずっと大変そうだ。

一人ぼっちはかわいそう?

上野動物園のパンダ舎をみて、あれっ、と不思議に思う人がいるかもしれない。2頭いるのに、1部屋に1頭の個別飼育なのだ。来園者の方からは時々、「あら!! 隣にいるのに1頭ずつでかわいそう」なんて声を聞く。2003年にメキシコから来日したシュアンシュアンが2005年に帰国し、リンリン1頭になった時にも、「1頭でかわいそう」という投書が毎月のように寄せられた。

でも実は、「一人ぼっち」のほうがパンダの性には合っているのだ。動物には種によって、群れで生活するものや、カップルで生活するもの、あるいは孤独を愛するものがいる。パンダは単独生活で、孤独を愛する派なのだ。オスとメスは、交尾している一瞬しか一緒にいない。その一瞬以外は、おとなのパンダが出会おうものなら、オスどうしはもちろんのこと、メスどうしであろうと、オスとメスであろうと、縄張りをめぐる喧嘩になってしまう。

野生のパンダの場合、基本的に1産1子で、オスは育児には参加しない。親子で生活するのも1年半程度だ。それゆえ、生涯のほとんどを単独生活で過ごす。飼育しているパンダの場合も、このスタイルに合わせている。たとえば中国のパンダ繁殖センターでは、3歳くらいまでは「同学年」が一緒に生活することもあり(図25)、その飼育施設を「幼稚園」などとよんだりしているが、繁殖能力を発揮するようになると一緒にはできず、個別飼育へと移行していく。幼い頃を共同生活で過ごしても、野生の本能はそう簡単には失わないようだ。

このあたり、パンダによっても個性はあるようだが、晩年のリンリンは特に静寂と孤独を好み、隣の部屋のレッサーパンダの気配さえも嫌がって、威嚇している姿をよく見た(図26)。

パンダのいる部屋には、他のパンダのみならず、飼育係が入ることもない。飼育係とパンダの同居ができるのは、せいぜい2歳くらいまでだろう。それ以降は力の勝るパンダに負けてしまう。なんせ相手はクマだ！　負けた場合はクマ相応のけがを負うというわけだ。ちなみに私はといえば、直接の接触といえばとき

図25 **幼稚園ではないが，1歳前後のパンダが複数で飼育されている部屋**　この中に1頭，母親役のパンダがいて，子どもたちの世話をしている。成都大熊猫繁育研究基地にて。

どき触診するくらいだが、それでも、噛みつかれたことが1回、引っかかれたことは数知れず……。いずれのケースも相手は本気ではないが、本気を出されていたら大けがだっただろう。

しかし、見た目のかわいらしさから、触りたい衝動にかられる人は世界中どこにでもいるもので、5年に1度くらいの頻度で、動物園などのパンダ飼育施設内に来園者が侵入して不用意にパンダに近づき、大けがを負わされるという事件が起きている。パンダにとっては正当防衛なのだが……。

パンダの病気

パンダを飼育するうえではもちろん、彼らの健康にも気を配らなければならない。当たり前だが、注意を怠れば、パンダも病気になるのだ。

飼育下のパンダがよくかかるのは、胃腸炎や腸閉塞など、消化器系の疾患だ。野生のパンダではこれらの

図26　隣の部屋のレッサーパンダの存在を気にするリンリン

疾患が少ないことから、エサに原因がある可能性が高い。それだけに、エサの管理は重要だ。本来、食べ物の多くをタケに依存している彼らにとって、パンダだんごのような高カロリー高タンパクな食べ物はあまり好ましくないのかもしれず、現在はそれらの比率があまり高くならないようにしている(これは前述の「四川式」そのものだ)。

消化器系の疾患の次に多いのが、肺炎などの呼吸器系の疾患だ。こちらもやはり、舎内の埃やカビなど、飼育環境の影響かもしれない。さらに飼育下では、伝染性の疾患にも要注意だ。

また、上野動物園の過去の事例では、20歳を超えた老齢パンダには循環器系の疾患が多いようだ。私自身の経験でも、晩年のリンリンは心疾患との戦いだった。加齢に伴う心機能低下による慢性的な心不全だったため、根本的な治癒は困難で、いかに進行を抑えるかという治療だった。

なお、野生のパンダの多くは寄生虫に感染している。この寄生虫が時として致命的になり、野生個体では、死因の約50%は寄生虫が関与しているといわれる。飼育下では多い、消化器系や呼吸器系の疾患はその次だ。

パンダのトレーニング

2011年9月、新聞に「上野パンダ、繁殖に向けてトレーニング」などという見出しの記事が掲載されて話題になった。

そう、動物にもよるが、動物たちに「トレーニング」させるのも、飼育係の仕事の一つである。要するに、健康管理をやりやすくするために、動物たちにも協力してもらうのだ。

トレーニングの姿勢として、最近の主流になってきているのは「ハズバンダリートレーニング」というものだ。これはつまり、動物の自主的な行動を「褒めて伸ばす」訓練である。本来は動物が行わない行動を引き出すために、「弱化（罰）」を用いるのではなく、動物の前向きな行動を「強化（報酬）」することによって学習させるのだ。

ただ、おそらくパンダは、褒められるということは報酬にならない。そこで使うのが、好物のエサということになる。

たとえば繁殖トレーニングの例では、パンダをエサで釣って「立たせる」ことで、下半身の筋力アップをはかっている（図27、本章扉も参照）。そして今や、パンダたち自

図27　足腰を鍛えるトレーニング　エサを使って，2足歩行を引き出す。

身もけっこう楽しんでいるようだ。飼育係が頭上に見えるとエサがなくても立ち上がったり、時にはエサを地面に落としてしまっても、立ったままこちらを見上げたり……。ハズバンダリートレーニングで重要なのは、この「動物が楽しんでいるか?」ということだとされているから、その点、このトレーニングはまずまずの成功かもしれない。

さらに、ハズバンダリートレーニングを取り入れたことで、採血による健康管理も画期的に変わった。以前は麻酔をかけて鎮静させなければ採血は行えなかったのが、今は自らの意思で採血板に手を乗せ、獣医に注射針で採血させてくれる(図28)。痛くて嫌なら手を出さなければいいのだが、報酬となる好物のエサをもらえるならば、それぐらいは我慢してじっとしていてくれるのだ。これによって、以前は1年に1度できるかできないかだった血液検査による健康診断が定期的に行えるようになり、2013年の繁殖季節中には、多い時は3日間隔で採血し、ホルモン測定をすることもできた。

図28 パンダの採血風景　自主的に腕を出して採血させてくれる。

こうしてさまざまによい成果があがっているし、私もこのトレーニング方法の「動物たちの反応をよく見る」という姿勢は気に入っている。動物たちには個性があって、同じことをさせようとしても、反応は個体によって全然ちがうからだ。

ただ、動物たちが喜ぶように接するのが「よい」のかというのは、本当のところ、よくわからない。そのあたりの善悪の判断は、結局のところ人間の都合ではないかとすら思ってしまう。

また、ハズバンダリートレーニングのように褒めて伸ばすにせよ、従来のように叱って伸ばすにせよ、トレーニングとは要するに「調教」（あるいは「馴致《じゅんち》」）だ。ひとつ間違えると、トレーナーすなわち飼育係の自己満足となりかねない。このあたりは、ひとえに飼育係の心がけしだいだと思う。

報道との戦い

そしてパンダ飼育の極めつき、というかもっとも頭の痛いところは、報道との戦いだ。パンダは注目度が高いだけに、マスコミへの露出度も高い。時として過熱する異様な報道ぶりと、都合のよい資料や会見を求めるような都庁の記者クラブの姿勢に、しばしば唖然とさせられることがある。

リンリンが死んだときのことだった。死亡を確認したのは、職員が出勤してきた朝の6時30分頃。その後、記者会見が10時30分から始められることが告げられ、死亡時刻と死因をそれまでに特定しておくように告げられた。解剖が始まったのが9時頃。これと同時並行で、夜間の記録映像のチェックが慌ただしく行われた。

映像では4月30日午前2時頃、リンリンの動きが止まった。時間に追わ

の飼育施設を視察させてもらったが，そのよいところだけを取り入れたからといって，最適な施設ができるわけではないようだ。

図29 上野動物園パンダ舎の変遷

れていた職員は、死亡時刻をこの午前2時頃と判断してしまう。解剖の結果は、それまでの治療の見立て通り、老化に伴う慢性心不全。

記者会見が始まる直前、私を含め、解剖に立ち会っていたメンバーは死亡時刻を知らされた。その時間を聞いた獣医が「んん……?」。解剖のさいの体の温もりからすると、とうてい死後7時間経った体とは思えないというのだ。しかし結局、記者会見まで時間がない

BOX 2 上野動物園のパンダ舎

パンダ飼育の試行錯誤とともに，飼育施設も変化していく。

1972年に急遽来園したカンカンとランランのために約半年で建設された初代パンダ舎は，まさに2頭のための飼育施設だった。北京動物園のパンダ飼育施設を参考にしたようだが，2頭のパンダを飼育するので精一杯の広さだった。ホァンホァンの相次ぐ出産でいよいよ手狭になってしまい，それをうけて1988年につくられたのが，2代目のパンダ舎だ。基本的にはこれが今日まで続いている。

ただ，リーリーとシンシンを迎え入れるに当たって2010年，老朽化の改善と若干の改良がおこなわれている。この改良に当たっては，新たに改正された法律の壁に悩まされた。「動物の愛護及び管理に関する法律」(動物愛護管理法)という法律で，1999年と2005年の法改正により，「人の生命，身体又は財産に害を加えるおそれがある動物」として政令で定める特定動物は，その飼育施設などについて，あらかじめ都知事の許可を受けなければならなくなったのだ。パンダはクマ科に属している以上，クマと同様の基準に適合しなければならない(檻や扉の柵の幅が広すぎるとクマが逃げてしまう)！

しかし，築25年になろうとする建物にマイナーチェンジを加えていくにも限度はある。いつかは建て替える話が出てくるであろうと思い，その時のために新パンダ舎を思案するのだが，答えはまだ出ていない。さまざまな国

ということで、再確認することなく「午前2時」と発表してしまった。

会見終了後、夜間記録映像をふたたび確認すると、案の定、動かなくなっていたリンリンは、30分ほど後にふたたび動き出した。そして完全に動きが止まったのは、職員が出勤してくるわずか100分前の4時46分だったのだ。

とはいえ、死亡時間の訂正は、マスコミの余計な憶測を駆り立てそうだということで延期された。リンリンが死んだ2008年4月は、毒入り餃子事件など多くの問題があって、日中の関係は冷え切っていたからだ。

この園の対応にとても不満げな私に、当事の園長は1冊の本を紹介してくれた。元上野動物園飼育課長小森厚氏の『もう一つの上野動物園史』(丸善ライブラリー)という本で、園長は私に渡す際に、「お寺の鐘がゴーン」と言った。何のことかわからず読み進めていくと、「お寺の鐘がゴーン」というくだりのページが現れた。

それは、1979年のカンカンとランランの交尾に関する裏話だった。

当時の広報発表では、「1979年5月25日朝に第1回同居を試みたが成功せず、26日に第2回同居を実施したところ、2度にわたって交尾に成功した」となっている。

しかし実際には、交尾が成功したのは25日の夜7時前だったのだ。

小森氏によると、都庁の記者クラブには、交尾があってから3時間以内には発表するよう要請されていたらしい。しかし、配布資料や交尾の編集VTRの作成が、3時間で間に合うはずもない。さらに夜の交尾とあっては、発表は夜中になってしまう。そこで現場の判断で、翌26日の朝6時頃の交尾ということにして、その3時間後の9時に発表と決めたのだ。本には「だまされた方も、知っていてだまされたのだから、文句も言わないのだろう」とある。

園内に保管されている飼育日誌にも、当時のようすは生々しく残っている。日誌には、前述の広報発表と同様の記述のコピーが付してあり、そこには「これは広報用であり、事実とは違う。日誌が正確」と力強く赤字で書き記されているのだ。そして正確とされる日誌のほうには、「5月25日夕方16:53から同居を始めて18:19から1分42秒、18:54から1分51秒の交尾が確認された」と記録されている。

要するに、マスコミとお役所の都合に翻弄された挙句、動物園側は事実を曲げる、ないし伏せるなどの対応を余儀なくされていたのだ。そして驚くべきは、この状況が今も変わっていないということだ。

じっさい、リンリンのときは、園が危惧したとおりのことが起こった。一部のマスコミは、日中友好のシンボルだったこのパンダの死亡を両国の政情に絡めて面白おかしく報道し、「リンリンの死因は中国を怨む者による暗殺だ」という説まで、週刊誌に書かれたほどだった。思いのほかの過熱報道と反響ぶりに驚き、また私自身も苦しんだ。確かに、あの騒ぎに先立っての死亡時刻の訂正は、マスコミの要らぬ深読みを増長しかねなかっただろう。

それゆえ、今となっては私も、死亡時刻の訂正をすぐには行わなかった動物園の対応が理解できる。そして30年前も今も変わらない、この報道環境を残念に思う。注目して好意的に取り上げてくれることはありがたいのだが……。

COFFEE BREAK

甘いものにはうるさい？ パンダ

これまで、パンダが「それなりに」タケ食に適した体になっていることや、動物園ではいかにタケの入手に苦労しているかということを書いてきた。一方で、食べもののほとんどがタケとはいえ、パンダだってほかの植物食の哺乳動物と同様、甘味の受容体をもち、糖の甘みは感じているという研究成果が、つい最近になって発表されている。[30]

確かに、以前飼育していたリンリンは、甘味を正確に把握していたと思われる一面を垣間見せた。というのも、毎日与えるパンダだんごには約10％のきび砂糖（精製途中の砂糖を煮詰めてつくられる。成分のほとんどはショ糖）が含まれていたのだが、ある時、リンリンのダイエットのため、このきび砂糖をアスパルテームなどの人工甘味料に代えてみると、リンリンはひと口食べて以降、食べるのを止めてしまったのだ。甘味料の量を増やしても、食べることはなかった。しかし、きび砂糖を4％程度まで入れると、また食べるようになったのである。ちなみに、きび砂糖を10％ほど入れても、私にはほとんど感じられないほどの甘味だ。パンダの甘味受容体は特定の糖類のみ感知し、その感受性はヒトをはるかにしのぐのかもしれない。

とはいえ、食べものの好みは遺伝子だけで決まるものではない。これまでの飼育経験からいうと、パンダはかなりの食わず嫌いだ。リンゴは好きなのに、ナシは食べなかった。以前与えたブドウも食べなかった。しかし、何かのきっかけで口にして美味しいとわかったら、その後は食べるようになる。現在飼育しているシンシンは来園当初、蜂蜜を好んで口にはしなかった。しかし現在、蜂蜜は、薬をあげる時の必須アイテムになりつつある（図31）。結局のところ食べものの好みには、生活環境も大きく影響するのだろう。

図30 パンダだんごを食べるパンダ　これはシンシン。

図31 蜂蜜入りすりおろしりんごを食べるシンシン

4

リーリーとシンシン，繁殖の舞台裏

子どもを抱くシンシン。母子の絆を強く感じさせられた。

——その日は突然やってきた。

2012年3月25日の朝。室内のリーリーとシンシンの様子を見ると、前日とは様子が一変していた。ケンカ腰で「ワンワン」と柵越しに吠え合っていた2頭が、盛んに「メーメー」と鳴き交わしている。屋外に出してみると、それはさらに激しくなった。「恋鳴き」だ！

パンダの繁殖はむずかしい！

パンダであろうとなかろうと、雌雄のペアで動物を飼っているなら、繁殖（子づくり）させるのは動物園の使命だ。それは、飼育を持続可能なものにするためでもあるし、「子どもがみたい！」という地元の声に応えるためでもある。

そしてパンダの場合、そもそもワシントン条約の附属書Iに掲載されているため、「繁殖」を含めた学術研究目的でないと輸入できないことになっている。それゆえ、上野動物園ではパンダ来日以来ずっと、彼らの繁殖へむけた試行錯誤が続いている。

そう、パンダの繁殖は、本当にむずかしいのだ。

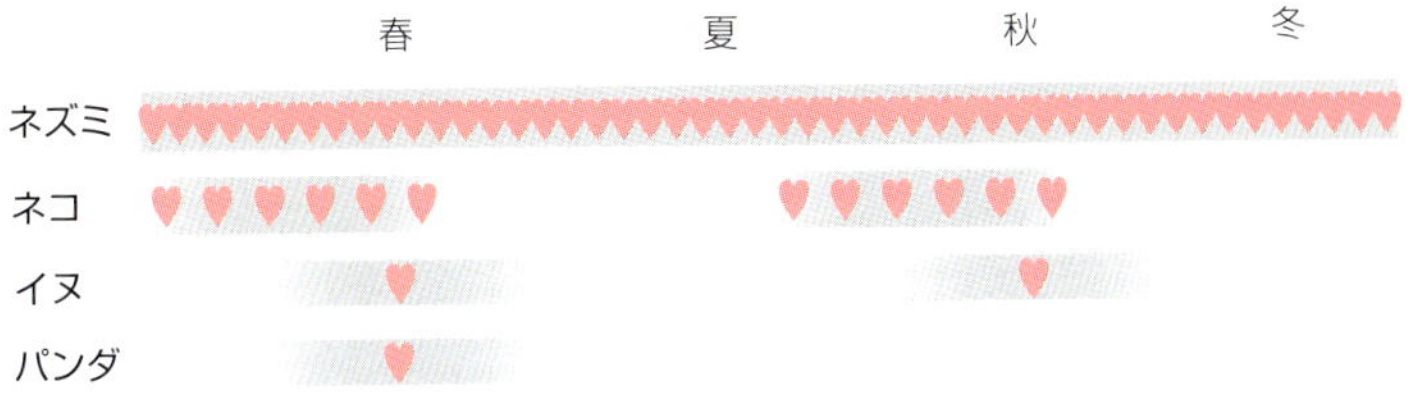

図32 **哺乳類の繁殖季節と発情**　太いバーはおおよその繁殖季節、ハートマークは発情をあらわす（正確な発情時期ではなく、おおよその発情頻度の目安として記した）。

まず、パンダでは通常、繁殖のチャンスが年に1度しかない。哺乳類には、1年中繁殖を繰り返すもの（周年繁殖動物）と、1年のある時期に限って繁殖を行うもの（季節繁殖動物）がいる。ヒトやネズミは前者、イヌやネコ、そしてパンダは後者だ。

繁殖可能な時期、メスの卵巣では、卵胞が発達して内部の卵子を成熟させ、やがてそこから排卵がおこり……という一連のサイクルが周期的に繰り返される。排卵後に卵子がめでたく精子と出会えば、受精がおこり、妊娠へと進んでいくわけだ。

そこで、哺乳類のメスではふつう、排卵前後に、オスとの交尾が受け入れOKな状態になる。これがいわゆる「発情期」だ。まさにこの時が、受精に適した時期なのである。

周年繁殖のネズミでは、1週間に1回もの頻度で発情がくる。イヌやネコでは繁殖季節が春と秋の年2回おとずれるが、ネコでは繁殖季節中に発情が繰り返されるのに対し、イヌは1回の繁殖季節中に1回しか発情しない。したがって、イヌには年に2回しか受精のチャンスがない。

しかし、パンダはイヌと同様、1回の繁殖季節に1回、ほんの2～3日間しか発情（および排卵）が起きないばかりか、ふつう2月～5月の年1回しか繁殖季節がめぐってこない（図32）。つまりパンダの受精のチャンスは、1年に1度しかないのだ！

この点についての誤解はすごく多いので、声を大にしていっておきたい。パンダの繁殖はそもそも、そのチャンスの少なさだけからいっても、ネコやイヌより難しいのだ。

タイミングと相性

しかも、メスにとっての受精のチャンス、1年365日のうちたったの2～3日の間に、オスの気持ちも盛り上がっていなくては、交尾は成立しない。そしてなおさら厄介なのは、これまで述べてきたように、パンダが基本的に単独性で、下手に接近させるとすぐ喧嘩になってしまうということだ。パンダどうしの相性の問題もある（ここでの「相性」とはひとえに、「交尾しやすいかどうか」ということ）。

タイミングが合わない、あるいはどうにも相性が悪い場合、最終手段として、人工授精に踏み切らざるを得ない。逆にいうと、タイミングや2頭の相性に問題がないとみなされる限り、人工授精に頼ることなく、自然交配がめざされるということだ。

繁殖シーズン2012

２０１２年、私たちは、自然交配の態勢をととのえつつ、発情の気配を待っていた。そして、突然訪れたのが本章冒頭のシーンだ。

それでは以下、解説をはさみながら、２０１２年の繁殖シーズンの経過をたどっていこう。交尾のみならず「その後」もかなり難しいのだということが、おわかりいただけるのではないだろうか。

はじめての同居　3・25 17：49

3月25日。朝の恋鳴きの感じでは、明らかに、オスのリーリーとメスのシンシンの距離は縮まっているようだった。もともとリーリーはやる気満々で、数日前からシンシンに興味を示していたのだが、シンシンのほうには顕著な発情の兆候がみられていなかったのだ。しかし、この日は期待がもてそうだった。

そこでその日の午後、思い切って2頭を同じ部屋に入れることにした。

ところが、朝の一件以降、室内のシンシンはリーリーに無関心で寝てばかり。あまりの豹変ぶりに、朝と同じ環境のほうがよいかと、屋外の運動場に移してみることになった。

夕方、屋外に出たシンシンは、直前までの室内の様子とは打って変わって、柵越しのリーリーにおしりを向け、積極的にアピールしはじめた。そして、ついにその時はきた。２０１２年3月25日17時49分、シンシンのいる運動場にリーリーが入ったのだ。

うまくいかないふたり

幼馴染みで、生まれてこのかた、ほとんどの時間を同じ飼育施設で過ごしてきた2頭だが、繁殖能力をもってから同じ部屋に入るのは初めてだったはずだ。なかなかうまく交尾姿勢をとってくれないシンシンに、リーリーの苛立ちは募る。

一方のシンシンも、執拗に背後に付き、押さえ込もうとするリーリーに戸惑っているようだった。戸惑うシンシンを、リーリーが一生懸命に交尾体勢に持ち込もうとする。しかし、これほどまでにオスに迫られるのは初めてのシンシンは、背後からのしかかるオスの勢いに尻込みして、すぐに腰を落としてしまう。それでも一生懸命腰を持ち上げて、交尾姿勢を取らせせようとするオス。ときに、イライラした様子で取っ組み合ったりもした。仲良く落ち着いて交尾、どころではない。状況を見て2頭を引き離し、休憩させたりしながら、一進一退の攻防が続いた(図33)。

なお、取っ組み合いになったときには、同居を続けてはならない。あまりにもエ

図33 交尾前の試行錯誤 ― 一進一退の攻防が続いた。

キサイトし過ぎると、けがを追わせるだけでなく、それがトラウマとなって二度と同居ができなくなることもあるのだ。なんとしても、2頭を別々の部屋に引き離さなければならない。水を勢いよくかけたり、長い竿で突ついたり、エサで誘導したり。中国でも同様だが、他にも爆竹や消火器を使ったり、火（たいまつ）を投げ込んだりしたこともあったそうだ。それほどまでに、オスはメスへ執着するのである。逆にいうと、嫌がるメスをそれほどまでに無理矢理かかえ込めるオスでないと、交尾は成立しないのかもしれない。

かと言って、ちょっとした取っ組み合いでも離していては、交尾につながらない。難しいのが、引き離すタイミングと、再び一緒にするタイミングだ。引き離す作業をする担当者とともに、タイミングを判断する飼育係の経験値もまた重要なのだ。

交尾成立　3・25　18：26

そして多くの関係者が見守る中、18時26分、ついに一度目の交尾が成立した。その間、たったの35秒前後。マウンティングの間じゅう鳴き続けた2頭だったが、交尾が終わったとたん互いに無関心となり、その変わりようには本当に驚かされた。とはいえ、2頭の引き離しも比較的スムーズに済み、一同はひと安心。

その後も、柵越しのお見合いのようすから再び一緒にするタイミングを見きわめ、26日の午後と27日の午前中にも同居に踏み切り、その結果、26日の16時36分にも1分間ほどの交尾が確認された。1979年にカンカンとランランが最後の自然交配に成功してから、33年の歳月が流れていた。

「内に秘めたる思い」をとらえる

体を冷やしたり、オスにおしりを向けてアピールしだしたり……。メスの発情のピークを見きわめる指標としては、こういった、発情の指標となるような行動が中心だ。しかし、これには個体差が大きい。行動からピークを見きわめるには飼育係の経験値も重要だが、かといって、場数を踏めば経験値が上がって判断がしやすくなるかといえば、そうでもないのが厄介なところだ。経験を積むとともに判断材料も増え、より迷うことにもなる。

そこで、行動観察による判断を裏づけてくれるのが科学的手法だ。発情期には卵巣からホルモンが分泌され、発情ピークにはこのホルモン量もピークとなる。測定してグラフに表せば一目瞭然だ。以前は特別な検査機関でしか測定できなかったホルモン量(尿中のホルモン濃度として測定。以下「ホルモン値」)も、今では飼育施設で測定可能だ。発情行動はホルモンに支配されているといってもいい。

それならばホルモン値だけで判断すればいいということになりかねないが、そう簡単でもないようだ。思うに、ホルモン値は内に秘めたる数値である。ヒトの恋愛と同様、どんなに好きでも、内に秘めていては相手に伝わらない。やはり態度で示さなければ、相手の気は引かないのではないか。それゆえ、「内に秘めたる思い」はともかく、交尾への距離を知るには、今もなお、行動観察がもっとも重視されている。

妊娠したのか、どうなのか

さて交尾が終わって、シンシンは妊娠しただろうか？　じつは、パンダですぐにこれを知る手段は確立されていない。

私たちヒトの場合、ヒト絨毛性ゴナドトロピン（ｈＣＧ）というホルモンから、受精２週間後くらいの早期に、妊娠を知ることができる。このホルモンは、受精卵が子宮内膜に着床した後に、胎児の一部であり、胎盤の一部をなす栄養膜細胞から分泌されるものだ。市販の「妊娠検査薬」も、これを検出するものである。

しかしパンダの場合、ｈＣＧにあたる胎盤性のホルモンの検出方法が確立されていない。だから、ヒトのように簡便な早期妊娠診断ができないのだ。

胎児側が無理なら、母体側で調べることはできないか？　これがまた厄介な話で、たとえばヒトでは、排卵後に受精・着床がおこらなければ、卵巣の黄体は退行してしまい、妊娠へのステップがそれ以上進むことはない。しかしイヌやパンダでは、排卵後、妊娠、不妊にかかわらず、ある一定期間は黄体の機能が維持される。そして黄体からは妊娠を維持するプロジェステロンというホルモンが分泌され、たとえ妊娠していなくとも、体は「必ず」妊娠した状態になってしまうのだ。まるで妊娠したかのような行動が出ることもあり、これがいわゆる「偽妊娠《ぎにんしん》」という状態だ。つまり、パンダのしぐさが「妊娠したっぽい」からといって、早とちりは禁物なのである――「偽の」シグナルかもしれないのだから。

さらにやっかいなのは、他のクマ類でみられる「着床遅延」という現象が、パンダでも起こっているらしいことだ。これは、卵が受精しても、受精卵が子宮内で着床せず、途中の発生段階のまま何カ月も浮遊するというもの。交尾あるいは人工授精の日から数えたパンダの妊娠期間が最短で70日からなんと342日までばらつくのは、この現象のためとされている。つまり、ヒトとちがって、交尾日からおよその妊娠成立日を予想するのもかなり難しいのだ。

エコーは使える?

とはいえ、じつは早期でなければ、比較的有効な妊娠診断法はある。超音波画像診断装置を用いた診断法、すなわちヒトでもおなじみの「エコー」だ。胎児を目視できるのはもちろん、心拍や、何頭いるかまで確認できる。ただ、産まれてくるときでも子どもはせいぜい、大きくても200g、20cmといった程度の大きさだから、あくまで妊娠の後期にならないと威力を発揮しない。

さらにこの診断法では、まず子宮のあたりの毛を剃らないと像が見えなかったり、エコーをあてている間はパンダにじっとしていてもらえるようトレーニングをする必要があったり

(麻酔をかけるわけにもいかない！)と、意外に準備が必要だ。それもあって、2004年のシュアンシュアン(リンリンとの間で人工授精が試みられた)のときに少しチャレンジしたものの、以降、上野動物園では試みられていない。

それに実際のところ、子どもが産まれるか、そして何頭産まれるかについて、本当のところは繁殖季節が終わるまではわからないのが実状のようだ。というのも、パンダにも流産の可能性があり、しかも流産した子の多くは外に出てこないのだから(母体に吸収されてしまうらしい)。過去の他園の例では、超音波画像診断で双子が確認されていたのに、1頭を出産したきり、待てど暮らせど2頭目が出てこなかったこともあったそうだ。

煮え切らない経過

一般に、パンダが妊娠すると、食欲が減退したり、動作が緩慢になったり、陰部を舐めるようになったりするといわれる。外見的には乳首が目立ってきたり、外陰部に変化がみられるようになったりする。ただ、生まれてくる子は前述のようにごく小さいので、その10倍あまりの重さの子を産むヒトのように「目にみえてお腹が大きくなる」ようなことはない。

シンシンの場合、交尾から70日を過ぎた6月上旬頃から食欲がなくなってきた。そしてそれにともなって、徐々に動作も緩慢になり、休んでいることが多くなってきた。普段は毛に隠れて目視できない乳首も目立つようになり、陰部を舐めるようになる。と、ここまでは順調。

しかし、気がかりなことが一つ。食欲が「なくなりきらなかった」のだ。多くのパンダは、出産間近にはほとんどエサを食べなくなる。シンシンの場合、いつもはあげると真っ先に食べるリンゴやパンダだんごをすぐに食べないことはあるが、時間が経てば食べている。タケの採食量も減り切らず、微妙なところで推移していた。

偽妊娠だろうか。その可能性も考慮しつつも、飼育係と獣医師たちは出産の準備をしていた。

まさかの出産　7・5 12:27

7月5日、自宅で昼食をとっていた私の携帯電話が珍しく鳴った。画面には、われらがパンダ飼育班の班員の名前。察しはついたが……まさか！　しかし、電話に出ると、耳に飛び込んできたのは察しの通り「今、産まれました」だった。

1988年のユウユウ誕生以来、24年ぶりのその瞬間はこうして突然、前触れなくやってきた。いや、シンシンなりに前触れはあったのだと思う。一般的なパンダの出産直前の行動とは少し異なるシンシンの振る舞いに、私たち飼育係が気づいてあげられなかっただけだ。なにせ私は、予定通りに自分の休日を過ごしていたのだから……。

動物園でも、職員は昼休み中。いつもなら、飼育担当者もパンダ舎を離れている時間だった。この日のシンシンは、朝からいつもより熱心に外陰部を舐めていたとはいえ、午前中にはタケ、リンゴ、パンダだんごも食べており、この数日間と特に変わった様子はみられなかった。

しかし、昼休みになり、飼育担当者が食事をとりにパンダ舎を後にしようと思ったその時、「ギャー、ギャー」と、耳慣れない鳴き声がモニターのスピーカーから聞こえてきたのだ！　２０１２年7月5日12時27分、第1子の誕生だった。最終交配日から、１０１日目のことだった。

初産のパンダは、生まれてきた我が子に驚き、我を忘れて子に関心を示さないこともある。そんなときは子を取り上げて、保育器で人工保育する必要がある。さて、シンシンはどうするか？　出勤者一同、固唾をのんでモニターに目を向けた。

モニター越しのシンシンは、座った状態で出産し、外陰部を舐めながら子どもを抱えようとしているようだった。しかし、動くものを初めて触る彼女はうまく持ち上げられない。くわえようとしたり、つかもうとしたりすること約15分、ついに子どもを抱き上げた。すると、それまでギャーギャー鳴いていた子の鳴き声も止んだ。

献身的なシンシンの様子に一同がホッとしたのも束の間、今度は第2子が生まれるかどうか、見張っていなければならない。というのも、パンダはたとえ第2子が生まれたとしても1頭しか面倒を見ないため、その場合はどちらか1頭を人工保育しなければならないからだ。

時間の経過とともに、第2子誕生の可能性は低くなっていった。すると飼育係の関心は、授乳の確認に絞られる。子を抱いていても、授乳しているとは限らないからだ。

しっかりと子を胸に抱くシンシンの陰になって、モニターからでは子の様子が観察しにくく、授乳も確認できない。そこで、シンシンを刺激しないようにしながら、飼育係、あるいは獣医師が1名、傍で直接観察することにした。授乳しているであろうと思われる様子が確認できたのは、7月6日の0時50分頃だった(図34)。

図34 授乳しているであろうと思われるシンシン

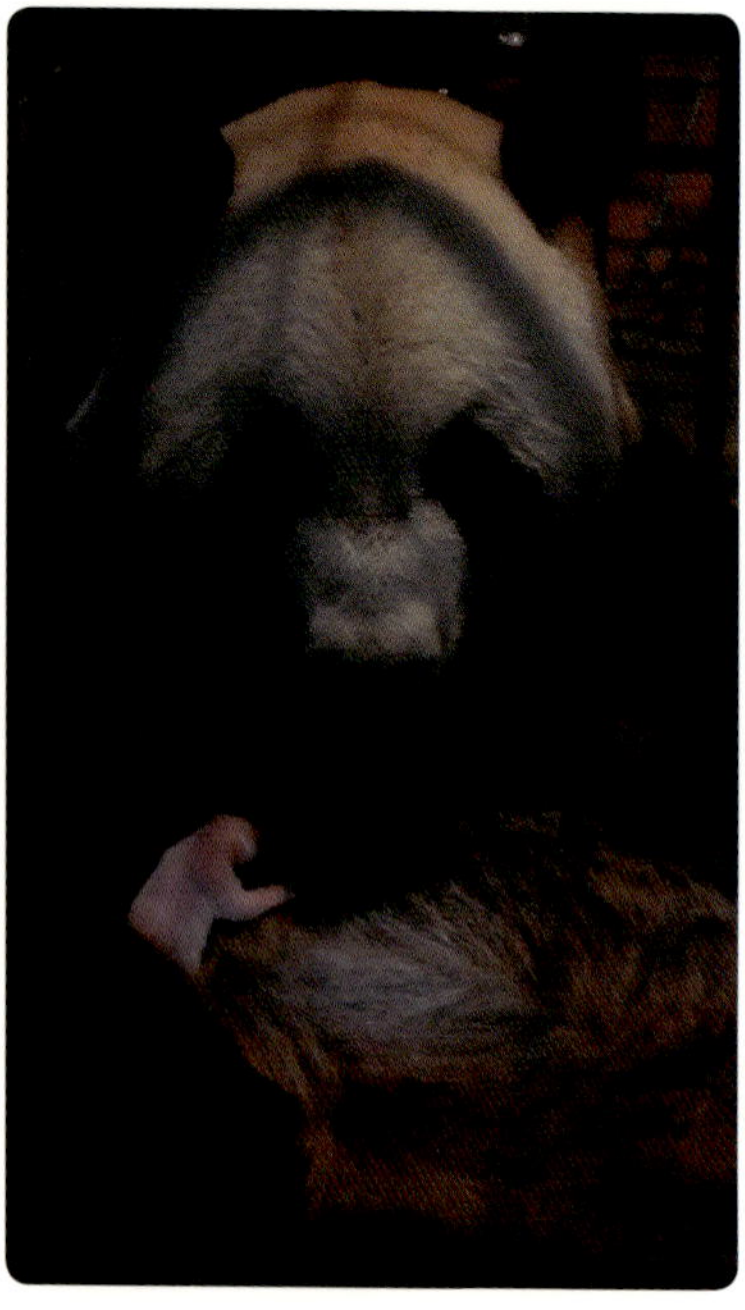

疲れはじめたシンシン

7・7 未明

出産当初のシンシンは、たとえ休んでいても、子が鳴くとすぐに反応して、子をなめるなど面倒をみていた。30分ほどの休息と子の世話を繰り返していたが、あまりにも献身的すぎたために、だんだん疲れが見えはじめた。子の鳴き声に対する反応は徐々に鈍くなり、面倒をみる回数も減っていった。うとうとするシンシンの腕から、子が転がり落ちることもあった。

私たちは、出産から1日半も飲まず食わずのシンシンに、アルカリイオン水を与えようと試みる。しかし、食わず嫌いのはげしいパンダが、今まで口にしたことがないものを飲むはずもなかった。それでも、タケを与えると、それを食べ、水も飲みはじめた。

ところがこの時、育児を初めて経験するシンシンは、子どもを抱えながら食事をすることを知らない。子どもは、床に置きっぱなしになってしまった。冷たい床に置かれたままの子が母親を呼ぶ声に、だんだん元気がなくなっていく。このままでは子が危機的状況に陥ると判断して、私たちは子を取り上げた(図35)。

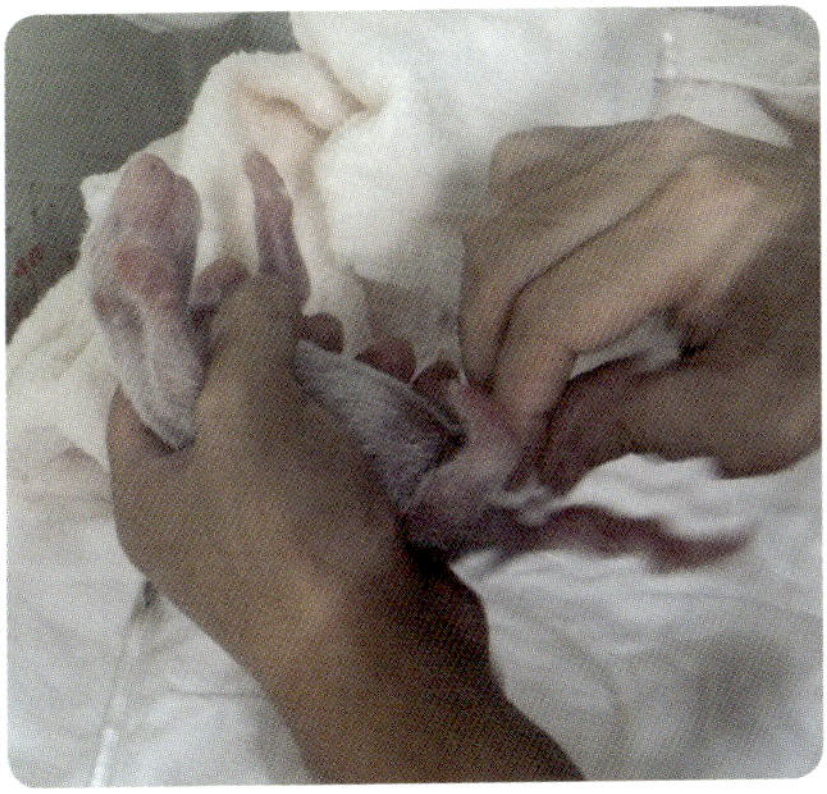

図35 取り上げられたシンシンの子ども

母乳をしぼる作戦

取り上げた子どもは血色が悪く、身体は冷たくなっていた。そこで、すぐにシンシンに戻すことはやめ、保育器で体力を回復させようということになる。ためしに、飼育係がシンシンの母乳の出を確かめてみると、母乳は十分に出ていないことが判明した。

授乳のそぶりはみられたものの、結局、子どもはミルクが飲めていなかったのだ。

そこで私たちは、シンシンから母乳をしぼる作戦に打って出た。エサを与えて気を引いている隙に、母乳をしぼりにいくのだ。

どの動物の子どもにとっても、母乳は絶大なる力を発揮する。特に出産直後の数日に出る母乳は初乳といい、子の免疫力を高める成分が含まれる。母親からの初乳が飲ませられない場合は、ヤギなど他の動物の初乳で代用することもあるほどに重要なものだ。

経験のあるパンダならともかく、未経験のシンシンの母乳をしぼりにいくのには危険を伴った。下手に手を出すと、攻撃されかねない。しかし、思いのほかシンシンは協力的で、数回に分けて十分な量の初乳をしぼることができた。

ヒトやウシの初乳は、通常の母乳よりも黄色い。しかしパンダの場合はなんと！　緑色をしている。まるで、抹茶ミルクのようだった(図36)。

この初乳を2～3時間おきにあたえたり、体をあたためてあげたり……。懸命な処置の結果、保育器の中の子どもの血色はよくなり、体温も通常に戻ってきた。徐々にミルクを飲む力も強くなり、また飲む量も増えていった。いったん、危機的状況は脱

図36 パンダの初乳(左)と，それ以降の母乳(右)

したように見えた。

なおこの顚末について、世間では「シンシンが育児放棄」などと騒がれたが、そう思っている飼育係は一人としていない。今まで感じたことのない妊娠期の体の変化、初めての出産で、シンシンにとっては不安と緊張の連続だったにちがいない。それにもかかわらず子が鳴けば抱き上げ、出産直前まで食欲旺盛だった彼女が、2、3日も飲まず食わずだった。極度の寝不足と空腹だったろう。飼育係も24時間態勢で夜勤が続いたが、飼育係は交代できるものの、シンシンに代わりはいないのだから……。

母子の絆　7・9　9:05

保育器の中で、子はあまり大きな声で鳴くことはなかった。シンシンに抱かれていたときには、お腹がすいたり体勢が悪かったりすると大きな声で「ギャーギャー」と鳴いていたのに……。シンシンはシンシンで、いなくなった子を気にしている様子はあまりみられない。それだけに、再び子をシンシンに戻すことには不安とリスクを感じていた。

母子が離れてから2日半が過ぎた、7月9日9時5分。人工保育によって体力が回復した子を、シンシンの産室に戻した。床に置いたその瞬間、子は「ギャーギャー」と大きな声で再び鳴いた。あの小さな体からは想像もつかないような大きな声だった。その声を聞いたシンシンはすぐに近づいていき、子をくわえて抱きかかえた。何のためらいもなく子の体をなめて世話をする姿には、私たちも感心するばかりだった（本章扉参照）。

しかし、なかなか確実な授乳が確認できない。15時に再び子どもを取り上げて状態を確認すると、体重がやや減少していた。しかし、授乳がまったくされていないにしては減少が小さかったことから、充分な量は飲めなかったにせよ、授乳はできていると判断された。

一晩、保育器で充分に人工哺乳し、翌朝の7月10日7時30分に再びシンシンに戻す。シンシンは抱き方、授乳の仕方など、日に日に育児がうまくなっていっているようだった。15時20分には体重の増加もみられ、順調に育児ができていると判断した私たちは、一晩、母子を一緒にしておくことにした。

突然の死　7・11　8：30

母子を一緒にした後、7月10日の夜間も、シンシンは長くても1時間くらいの休息で子の面倒を見ていた。子はしっかりとシンシンに抱かれ、その姿は見えなくても、鳴き声は聞こえてきていた。その声は、不満を表す「ギャーギャー」ではなく「ギュッ、ギュッ」とか「グッ、グッ」とかいう声で、ちゃんと抱かれて、授乳もされて、満たされていることを示していた。出産直後からずっと観察を続けていた私たちスタッフにも、希望が見えてきた。

そんな矢先の、突然の死だった。

11日の朝、座ったシンシンの胸に右腕でしっかりと抱かれていた子が、シンシンが前屈みになった瞬間、お腹の下に「ポロッ」と落ちてきた。その様子はまるで、「生き物」ではなく、「モノ」のようだった。

仰向けになっている子はぐったりした様子で、明らかに異常だとわかった。急いで取り上げたがすでに息はなく、哺乳や心臓マッサージをして必死に蘇生を試みたが、7月11日午前8時30分、死亡が確認された。解剖の結果は「誤嚥性肺炎」だった。死亡時の体重は125g、頭胴長158mm。7月8日に最初に取り上げてから、2cmくらい大きくなっていた。

そしてまた発情の季節――繁殖シーズン2013

そして2013年、また発情の季節がやってきた。この年の一連の経過は、前年とはまたちがった様相をみせた。中でももっとも大きな違いは、オスのリーリーではなく、むしろメスのシンシンのほうが積極性をみせたということだった。

恋鳴き開始、そしてあっけない終わり　3・11　夕方

2012年の発情期と同様、「その日」は突然やってきた。3月11日。朝も昼も、とりたてて何事もなく過ぎていったのに、夕方になって、急にお互いが鳴き交わしだしたのだ。す

ぐに同居を開始させ、ペアリングの態勢へ。

しかし、前年には終始メスをリードしていたオスのリーリーは、この年はずっと消極的。シンシンばかりが盛んにアピール、アタックをかけ、なんとか交尾にこぎつけた。ペアリングは3日間続き、3日目の朝もシンシンのアピールは続いていたが、リーリーにはもはややる気がなく、交尾は不成立。そしてそのまま、繁殖シーズンは終わってしまった。

前年とはちがい、シンシンの発情が早くはじまったことも一因だろうか。何にせよ私たちは、オスとメスの発情のタイミングのズレを痛感させられたのだった。

妊娠のきざし？　5月中旬〜6月中旬

とはいえ、最初の2日で交尾は成功していたため、私たちは出産へ向けての準備を進めていた。

ペアリング時に一時的に減退した食欲はその後に回復し、5月中旬からは再び減退、休息時間が増えはじめた。ここまではほぼ、前年と同じ経過だ。その後、食欲と運動量の下降傾向は止まってしまったが、妊娠を維持するプロジェステロンの尿中濃度の推移から、6月中旬以降の出産が予想されていた。

6月になると外陰部に変化が現れはじめ、乳房が張ってきた。2012年は出産直前にみられた外陰部を舐める行動が予想より早く観察されたため、6月12日に急遽、中国の専門家を招聘した。

そして日常へ　6月下旬〜7月

しかし結局のところ、この年は産まれなかったのだ。これだけ「それらしい」経過がみられたにもかかわらず……。

外陰部を熱心に舐める様子はその後あまりみられなくなってしまい、食欲についても、下げ止まってからは驚くほどよく食べた。プロジェステロンの値だけは出産前のような推移を示し、6月中旬以降、いつ産んでも不思議ではないかとも思われたが、6月も25日を過ぎると、エサに対する執着心はさらに増し、シンシンは日常を取り戻していった。ホルモン値も日に日に通常に戻り、結局、7月になっても出産はなかった。

おそらく、この年は偽妊娠だったのだろう。もしくは、前述のような「出てこない流産」だった可能性もある。

中国人スタッフの功績

パンダの繁殖の大変さが、少しでもおわかりいただけただろうか。交尾させるのにもひと苦労、出産かと思えば肩すかし、出産したらしたで大変なのだ。2012年から2013年にかけて、2年続けての「パンダの赤ちゃん誕生（か！）」報道の裏には、こんな経緯があったのだ。

そして、我々の試行錯誤を陰で支えてくれているのは、四川省の中国保護大熊猫研究センターからたびたび来てくださっている中国人スタッフの方々だ。とくに、飼育2年目にして交尾が成功しているのには、彼らの存在はとても大きい。

一般に、飼育下のパンダの交尾は、パンダ自身と飼育係の双方が経験を積まないと非常に難しく、たとえばカンカンとランランは、交尾成功までに5年もの歳月を要している。にもかかわらず、私を含め、リーリーとシンシンを担当する飼育係のペアリング経験値はほぼゼロに等しかった。中国人スタッフの方々は、そんな未熟な飼育係の強力なアドバイザーとなってくれたのだった。

はじめて交尾に成功した2012年、彼らは、発情がくるまでの約3週間でパンダの個性を見きわめ、施設も含めたこちらの状況の把握に努めてくれた。ペアリングの最中、ヒートアップした2頭を引き離すタイミングにしても、彼らの経験と勘が頼りだった。もっとも、経験豊富な中国人スタッフですら首をかしげるほど、シンシンの発情行動は例外的だったようだが……。

次章では、そんな飼育のプロたちの母国であり、何よりもパンダの故郷である、中国の話をしよう。

5

パンダの祖国・中国

雅安碧峰峡パンダ基地の屋外運動場。左上のあたりに、のびのび過ごすパンダが見える。

この章では、パンダの祖国・中国での野生パンダの生息状況、そして現地でのパンダ飼育の一端をみてみよう。

知られざる野生のパンダ

たとえパンダの祖国・中国に行ったことがある人でも、野生のパンダを見たことのある人はほとんどいないだろう。

というのも、まず、野生のパンダは、中国の中でも四川省、甘粛省、陝西省の一部のみという、ほんのわずかなエリアにしかいない。

しかも、パンダたちは山中の険しい斜面に、単独生活で点在している。だからたとえ生息域に足を踏み入れたとしても、遭遇できるチャンスはものすごく少ないのだ。

じっさい、野生のパンダの生息地にほど近い四川省の臥龍や雅安のパンダ基地で働く職員の中にさえ、野生のパンダを見たことがある人はほとんどいない。もちろん、私自身も見たことはない。

山手線内に4頭

そんなパンダの生息状況を明らかにすべく、中国の国家林業局によって実施されているのが、およそ10年ごとの大規模野外調査だ。すでに3回おこなわれており[31]、1999年から2003年におこなわれた3回目の調査では、2万3000km^2の生息域(図37)に1596頭のパンダが確認された。単純計算で、1頭あたりの縄張りは14・4km^2ということになる。た

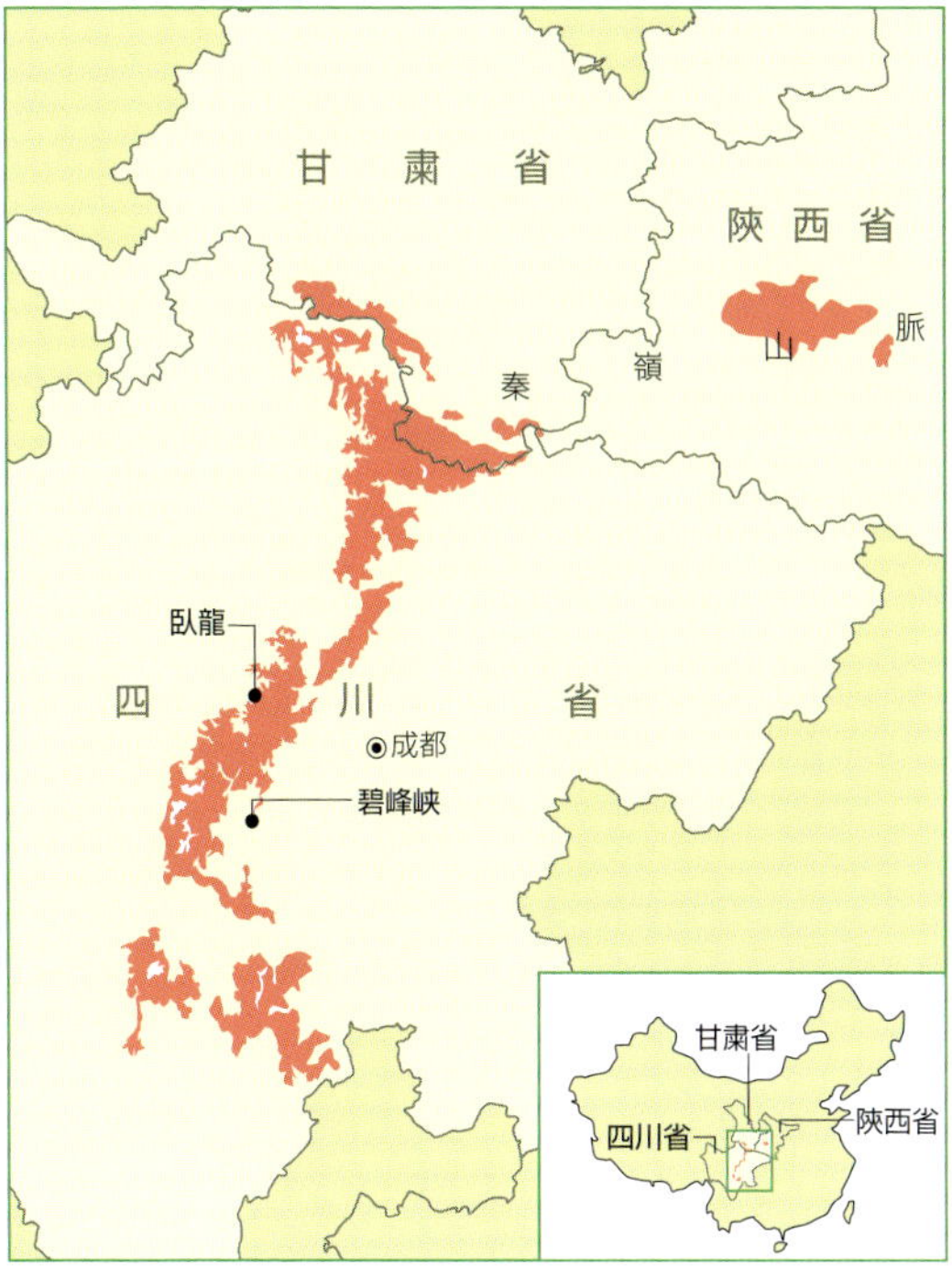

図37 **中国におけるパンダの分布図** 1999〜2003年の調査による。文献31を参考に作成。

とえるならば、山手線の内側に、パンダはたった4頭しか住んでいないということになる！　そして2万3000km²とは、九州の約半分の面積だ。たったそれだけの範囲にしか、パンダは生息していないのである。

「絶滅の危機」をめぐって

ただ実は、パンダの個体数については、その後ちょっとひと悶着あった。2007年になって、「実は2000頭以上生息する可能性がある」という学者が現れたのだ。第2章の腸内細菌のくだりでも登場した、中国科学院の魏輔文氏である。四川省成都市で開催された第18回パンダ繁殖技術委員会大会で、魏氏は「パンダの生息数は従来の想定よりもはるかに多い2500頭に達する」との報告を発し、大きな注目を集めた。

魏氏の調査から、パンダは高い繁殖率を保っており、個体数は大きく回復していると推定された。保護区内で見つかったパンダのフンからは66の異なる個体が確認され、2003年の調査時から倍増していたためだ。さらに、フンからDNAを抽出してみると、多くの絶滅危惧種と比べてパンダは遺伝的な多様性が高いことから、パンダの個体数は今後も維持される可能性が高いと指摘。「パンダは今や絶滅危惧種から抜け出しつつある」と締めくくった。

ところが、それもまた一転！　2008年の四川大地震により、パンダ生息地の山々でも大きな土砂崩れが多発し、野生の生息数はまたうやむやになってしまった。さらには、地球温暖化で生息域の秦嶺山脈のタケが枯れてしまい、食糧難で絶滅する可能性を指摘する論文まで現れた[32]。タケ食に特化することでほそぼそと生きてきたのに、タケとともに滅びてしまうのは避けたいところだ。

そんな中、確かな現状を把握するべく、第4回目の調査が2011年の夏から始まっている。GPS機能搭載の携帯端末などを利用した、これまでより詳細な調査だ。

そして今回の野外調査の結果は、今後の野生パンダの運命をうらなうばかりか、現在飼育しているパンダの運命も握っているといってもいい。生息環境の改善を待ちながらとにかく飼育下でふやすことを重視するか、はたまた徐々に野生復帰させる道をとるかなど、調査の結果し

BOX 3 野外調査の秘密兵器

野生のパンダを調べる場合，意外に重要なのがパンダのフンだ。広大な生息地を移動しているパンダそのものを見つけることは非常に困難だが，フンは移動しないから見つけやすく，野生のパンダの状態を知る数少ない手がかりとして使われるのだ。何を食べたかがわかるのはもちろん，いつごろ排泄されたかを調べれば，その個体がいつごろそこにいたのかがわかる。1カ所の排泄量から，そこの場にどのくらい長く滞在したのかの推測もできる。

さらに，フンの中の噛みちぎり片は，年齢や性別など，個体識別の手がかりにもなる(一般に，オスよりもメスのほうが，そして年齢が若いほど，噛みちぎり片は小さい)。近年の技術では，フンの中からDNAを抽出して，より詳細な個体情報を得ることもできる。そしてフンから得られる情報はまだある――フンの向いている方向から，排泄後の行き先を推測するのだ！

だいで、今後の飼育戦略も変わりうるからだ。

シンプル・イズ・ベスト

1983年に四川省臥龍の保護区内にパンダ繁殖研究センターが建設されて以来、パンダの飼育・繁殖技術は大きく進歩した。現在でも、同センター付属の碧峰峡パンダ基地と、成都にある大熊猫繁育研究基地(1987年設立)の2カ所が、パンダの飼育・繁殖の中心だ。

つねによりよいやり方を模索中とはいえ、これらのパンダ基地では、パンダの繁殖にかんするある種の理想形をみることができる。その最たるものが、パンダ舎だ。

「Simple is best.」これほどまで、パンダ飼育施設にふさわしい言葉もないだろう。お客さんへの展示のことを考えなくてよいのなら、飼育施設はシンプルであるに越したことはない。たとえば雅安にある碧峰峡パンダ基地では、屋外運動場はその土地の山の起伏をそのまま利用(図38)、室内施設はタイルの床と、壁と、出入口、それだけ(図39)。パンダたちは、日

図38 **雅安碧峰峡基地の飼育施設** 斜面をそのまま利用した屋外施設が多い。

中の活動時間の多くは傾斜や樹木のある屋外で思い思いにのびのび過ごし、活動量が少なく休息時間が多い夜間はシンプルな室内で過ごす。もちろん個室だ。パンダの生活スタイルに合っているし、簡素な施設は衛生管理も飼育作業の効率もとてもよい。そして管理しやすいだけでなく、観察もしやすいのだ。

図39 **パンダの個室**　室内の構造はシンプルだ。雅安碧峰峡基地にて。

また、どのパンダ基地にも共通するのは、「見せる」ための施設と「子づくり」のための施設が別になっていることだ。

パンダの飼育にとって、このメリットはすごく大きい。繁殖期や出産時には、パンダの気が散っては困るため、静寂な環境が必要なのだ。たとえば現在の上野動物園では展示施設しかないために、繁殖期や出産時はどのように非公開にして、静寂な環境をつくるかに神経を使う。

「パンダ基地」ではさらに、病棟があったり、子どもたち用の「幼稚園」などで世代別の飼育もできたりする。もちろんそれは、パンダ専用の施設で、しかも多数飼育が行われているからなせる術なのだが……。

双子入れ替え大作戦

2013年現在、飼育されているパンダは350頭を越える。このうち、野生捕獲個体は1割程度で、残りのほとんどが飼育施設で産まれたものだ。

飼育施設での繁殖効率は1990年以降、飛躍的に向上した。これには人工授精による繁殖技術の向上もあるが、もっとも大きな理由は、人工保育技術の進歩だろう。そしてここに、成都の大熊猫繁育研究基地が大きく貢献している。

飼育下のパンダの約半数は双子を出産する。しかし通常、母親が育てるのは1頭だけだ。最初に産まれた1頭だけを育て、もう1頭を放置して死なせてしまう(これには、双子で生まれる多くの場合、第一子に比べて第二子は体が小さいことが関係していると考えられている)。では、この「母親が育てない1頭」はどうするのか?

100%ヒトの力で育てようとしていた時代がかつてはあった。しかし、初乳も充分に飲めない子の生存率は著しく低いものだった。

そこで、成都大熊猫繁育研究基地では画期的な方法が編み出された。母親のパンダが世話をする子と人工保育の子とを、たびたび入れ替えるのである。いわば、母親とヒトの共同作業だ。しっかり抱かれているところを入れ替えるのには危険を伴うとはいえ、技術的には何ということはない。しかし、結果的にはこれが大成功した。

多くの動物は、一度母親から子を取り上げてしまうと、戻すことは難しい。自分以外の匂いを感じると、放り出すばかりではなく、食べてしまうことすらある。ところがパンダは鈍感なのか、寛容なのか、たとえ他人の子であっても育ててしまうのだ。だから双子の「もう1頭」も、ヒトが少し手助けするだけで、第1子と同じように受け入れて育ててくれる。

パンダは子育て熱心な動物なのだと思う。200gにも満たないような、未熟な状態で産まれてくる命を懸命に育てる。特に産後の1週間は母親も必死だ。目の前の1頭の世話で、いっぱいいっぱいな感じだ。しかし1頭であれば、自分の子だろうが、他人の子だろうが、同じように真剣に育てる。もちろん、子どもがすり替えられていることは承知の上だ。

この双子入れ替え作戦が初めて成功したのが1990年。以降、産後の子の生存率は大幅に向上したのだった。

そしてまた野生へ

そんなパンダ繁殖・飼育の最前線において、いまの最終目標は「野生復帰」だ。

一般に、絶滅のおそれのある動物について、飼育施設はまず繁殖の手助けをし、数を増やすことを優先させる。そしてゆくゆくは、野生に返すことを考える。

中国をはじめとする世界各国でパンダの飼育が広がった1970年代は、とにかく安定した飼育スタイルを確立するのに手一杯だった。野生捕獲して飼育しても、10年も経たずに死んでしまうケースが多かったのだ。上野動物園の初代パンダ、カンカンとランランもその一例だ。それが、だんだん飼育技術が向上して長生きさせられるようになり、さらに人工授精や人工保育による繁殖技術の確立で飛躍的に飼育頭数が増えた。そしてとうとう、野生への復帰を前提とした飼育スタイルへと、模索がはじまったのだ。

実のところ野生復帰は、1980年代から中国で何度も試みられていたが、成果はあがっていなかった。放された多くのパンダは、保護施設に戻ってきてしまった。2006年には3年間の野生復帰プログラムが組まれ、訓練した5歳のオスの「祥祥」というパンダを野生復帰させたが、復帰から1年も経たずに、生粋の野生パンダとの縄張り争いで負ったけがが致命傷となって死んでしまった。エサの探し方を習得するだけでは、厳しい野生の掟には順応しきれなかったのだ。

この経験を生かし、次なるプログラムが走りだしている。

たとえば2010年7月20日、4頭のパンダが四川省臥龍の野生化訓練基地である「核桃坪」に放された。このうちの1頭「草草」は、同年8月3日、半野生下でメスのパンダを出産。その後もこの親子は人の手を借りることなく徐々に活動範囲を広げ、野生復帰への最終段階へ進みつつある。

また、四川省都江堰市には、敷地面積135haの野生復帰トレーニングおよび研究センターが建設され、2012年1月11日、あらたに6頭のパンダが野生復帰へと踏み出した。このセンターは半自然状態下や自然状態下の野生復帰移行試験区を擁し、パンダの完全な野生復帰の研究を目指している。さらに、四川省に次いで野生のパンダが多く生息する陝西省漢中市の希少野生動物飼育・研究センター内の野生化訓練基地でも、2009年9月から訓練がスタートし、最新の情報では、2013年の時点で5頭のパンダが野生に還る訓練を受けている。いずれも、野生復帰にかける中国の「本気度」がうかがえる事例だ。

COFFEE BREAK

着ぐるみ登場

中国で、パンダを野生復帰させるために考案されたのが着ぐるみだ。ふざけているわけでも、遊んでいるわけでもない。復帰トレーニング中のパンダと接するときに、できるだけヒトの気配を消すために着るのだ。飼育係は、時にはパンダに、時には樹木に(!)なって、ヒトの姿を彼らに印象づけないよう努力している。着ぐるみ自体も、少しずつ改良が加えられているようだ(図40)。

まだここ2～3年ほどの新しい試みのため、効果のほどは今後の検証しだいだが、産まれた当初から着ぐるみの飼育係に育てられたパンダが、着ぐるみでない人を見て逃げ出したという話もある。パンダは嗅覚や聴覚に多くを頼っているといわれてきた（第1章参照）ので不思議な気もするが、案外、効果はあるのかもしれない。

図40 **パンダの着ぐるみ（雅安碧峰峡基地）**
（上2枚）パンダに変装中の飼育員。
（下）作業中。右下は本物の子パンダ。

6

パンダ・フィーバーの行方

トントン・ユウユウ誕生後のパンダ関連本やグッズ。(左上から時計回りに)写真集，パンフレット，上野駅記念入場券，メトロカード，絵はがき。

中国の山奥でひっそりと暮らしていたパンダは、あるとき突如として、時代の寵児となってしまう。

もっとも、現在に至っても、飼育しているのは中国を含めて十数カ国で、全部合わせても60施設に満たない。この知名度の高さは、まったく不思議なくらいだ。

この章では、中国のいにしえから世界への華々しいデビュー、日本での大フィーバー、そして今の2頭へと続くパンダブームの経緯をたどり、パンダをめぐる状況の変化をみてみよう。

書物のなかのパンダ、らしきもの

中国において、シロとクロの動物は古くは3000年以上も前から書物に登場し、「貔」「貔貅」「白羆」「貉」「貘」「駘虞」「貊」「猛豹」「食鉄兽」などなど、20種類くらいの名前が確認されている。もっとも、その挿絵を見ても、本当に現在のパンダを示しているのかどうかは謎だが……(図41)。

たとえば西漢の時代(紀元前206年〜西暦8年)の『上林賦』という書物の中では、当時の首都の西安にあった皇帝の庭には40種類もの珍しい動物が飼育され、その中でも「貘」がもっとも珍重されたことが書かれている。

海外に渡った最初のパンダについては、唐（618年〜907年）の女帝である則天武后が685年、つがいのパンダ2頭と毛皮70枚を贈った、という意味とみられる記述が日本書記に出てくる。もっとも、該当する部分の原文は、「是歳、越国守阿倍引田臣比羅夫、討粛慎、献生羆二、羆皮七十枚」。「白熊」でも「生態」でもなく「羆」。羆は現在ではヒグマを表すが、この時代の中国においてはトナカイとも言われている（山海経：北山経三の巻による）。唐の則天武后から685年に動物が2頭とその毛皮が70枚送られてきたのが仮に事実としても、それがパンダだったのかどうかはちょっと怪しい。

「発見」、そして毛皮の時代

それから1000年あまりも時代が下った1869年、中国で布教活動をしていたダビッド神父（第2章参照）が、毛皮を手に入れ、母国へと持ち出した。現在では、これが事実上のパンダの「発見」とみなされている。

「発見」されるやいなや、パンダを求め、世界各国から多くのハンターが中国を訪れた。1869年

図41　『爾雅音圖』（宋本）に描かれた「貘」の姿
注釈には「クマに似て」「頭が小さく」「黒と白で」「竹を食べる」と，パンダをうかがわせる説明がされている。

から1946年の間に、中国国外から200人以上の探検家や研究者などが調査・収集・捕獲に訪れている。記録に残っているだけでも、1891年から1894年にかけて毛皮1枚、1897年にはオスの標本をイギリス人が購入。さらには1910年にも、標本が大英博物館に送られている。イギリスのみならずドイツも、1916年以降、3頭のオスと1頭のメスの骨格や毛皮をベルリン博物館に持ち帰った。

そして1929年4月13日、アメリカ第26代大統領セオドア・ルーズベルトの息子兄弟が率いる探検隊によって、パンダが射止められた。歴史学者の家永真幸氏によると、これをきっかけとして、パンダはいよいよ世界の脚光を浴びるようになったとみられるという。このニュースの影響はアメリカ本国のみならず、イギリスにまで及んだようだ。パンダはもはや、探検家にとって格好の勲章になってしまった。もっともこのころまでは、パンダは生きた状態で珍重されたのではなく、その価値は死体からとられた毛皮や骨にあった。

パンダ生け捕りの時代

ところが1936年、今度はアメリカのハークネス夫人(Ruth E. Harkness)が生け捕りに成功し、うまいことアメリカに持ち帰ってしまうと事態は一転。そのあまりの愛らしさに「射止める」ことに対して罪悪感が生じたらしく、パンダ・ハンティングにはいったん、終止符が打たれたのだ。

これで、パンダにとっての悲劇には終止符が打たれる……はずだったのだが、そう簡単にはいかなかった。生きたまま展示されたパンダは、動物園とその周辺に大きな経済効果をもたらし、それによって、パンダを生け捕りにして生きたまま中国から持ち出すことへと人々の関心が移っていってしまったのである。

イギリスの動物収集家タンジェール・スミス(Floyd Tangier-Smith)は、１９３６年から１９３８年の2年間で12頭の生きたパンダを買いつけることに成功している。しかし、このうち生きたままイギリスにたどりつけたのは6頭しかいなかった。同様に、１９３６年から１９４１年にかけて、アメリカには9頭の生きたパンダが持ち出されて飼育されたが、5年以上生きていられたのは2頭だけだった。捕らえられた個体の大半は目的地へ着く前に死んでしまい、たとえ中国から持ち出せたとしても、その生涯は短いものだった。死んでいなくなると当然、新たなパンダ獲得に動き出す。10年ほどの短い期間に、多くの幼いパンダが捕獲されたことになる。第2の悲劇が始まろうとしていた。

しかし、この悲劇が拡大する前に、当時の中国政府がパンダの保護に乗り出した。そして１９３９年以降、現在に至るまで、中国政府の許可なしにパンダが中国から持ち出されることはなくなる。代わりに、「パンダ外交」とよばれる政治利用が始まるのであった。

ちなみに、「パンダ」という名前があのシロとクロの動物の呼称として定着したのもこのころだ。すでに第2章で述べたように、そもそもは「ジャイアントパンダ」とよばれ、同じように前肢を使ってタケを食べる「レッサーパンダ」と区別されていた。しかし1940年代以降、ジャイアントパンダのほうばかりが「パンダ」という呼称とともに全世界を席巻してしまい、「パンダ」といえばあのシロとクロになってしまったのである。

そして中国でもほぼ時を同じくして、パンダの存在が「大熊猫」の呼称とともに広く国民に定着していった。もともと生息地域住民の間では、「白熊」あるいは「白老熊」とよばれていたらしい。それが1944年12月、重慶市北碚の自然博物館に展示されたパンダの英名表記「Cat Bear」が、そのまま中国語で直訳して「猫熊(Maoxiong)」と表記された。当時の中国は右から左に読むのが一般的だったことから「熊猫(Xiongmao)」になって現在に至る、ということのようだ。

カンカンとランランがやってきた

そうして戦前から急激に脚光を浴びはじめたパンダが、1972年10月28日、日中国交正常化の友好の印として、ついに日本にやってきた。カンカンとランラン、上野動物園の初代パンダたちだ。

このときは日本中が沸いた。来園から1年間で350万人もの人が、パンダを見に上野動物園に訪れた。「3時間並んで5分間しか見られず」といった見出しの新聞記事も掲載されている。1974年には年間来園者数が700万人を超え、この記録は未だに破られていない。

パンダ争奪戦

じつは2頭の来日前には、日本中の動物園が「パンダ争奪戦」を繰り広げていたらしい。というのも、1972年9月29日の日中共同声明調印後、官房長官の記者会見で中国からのパンダの寄贈が発表されたものの、このときはあくまで「日本国民に贈る」ということであり、行先がどこの動物園かは触れられなかったからだ。

上野動物園をはじめ、多くの動物園、あるいは管理する自治体の長が、我が街へ、我が動物園へと名乗りを上げた。名乗りを上げたというよりは、新聞の取材に答えたと言った方が正しいのかもしれないが。

同年10月3日の東京新聞は、北は北海道から南は山口県の動物園まで、8つの動物園の談話を掲載している。

札幌市の円山動物園 「動物学者が学問的に考えればうちが最適ということがわかるはず。パンダの好きな本物のクマざさが豊富にあるのはなんといっても北海道。高冷、寡湿、温度差、いずれをとってもパンダの住んでいる野生の状況にピタリです」

仙台市の八木山動物園　「ぜひ仙台へという子供からの電話が連日かかって来ましてねえ」
東京の上野動物園　「なんといってもうちは日本の動物園の中心、入園者も全国一で、だれが考えても常識的な線ではうち以外にない」
名古屋市の東山動物園　「東に偏ってもいかんし、西に過ぎても不公平。やっぱり日本の真ん中でないとねえ」
京都市動物園　「ゴリラが日本で初めて生まれたのが京都ですし、パンダと同じ高山獣のカモシカを三頭生ませたのも京都です。貴重なパンダを預かるに足る一流技術は、なんといってもうちですよ」
大阪市の天王寺動物園　「きょうも市長の要望書を持って公園部長が上京、田中首相らのところを回っており、市をあげての動きになっています。関西は竹が多いのでパンダの食べ物には不自由しないはずです」
神戸市の王子動物園　「動物園の規模からいえば、上野や天王寺にかないませんが、中国との友好関係の古さから行けば当然こちらにパンダが来てもいい」
山口県の徳山動物園　「まず気候が温和。そのうえ山口県はモウソウ竹が名物ですから、パンダ飼育の点では文句なしの環境だと思います」
各紙の報道によれば、このほかにも北海道の旭山動物園、当時リニューアルオープン直前だった鹿児島市平川動物園などが名乗りを上げていたらしい。かなり積極的だったのは大阪だったようで、ほとんどの新聞が「東京か？　大阪か？」と書いている。また意外にもと言ったら失礼だが、徳山動物園も、エサとなるタケの安定確保を理由に積極的に誘致していた様子が、他の新聞記事からもうかがえる。

このような争奪戦は、日本に限ったことではない。1972年2月、アメリカのニクソン大統領訪中の際にアメリカに贈られたパンダをめぐっては、同じような争奪戦が動物園間で繰り広げられた。パンダが贈られるきっかけとなったジャコウウシを中国へ贈ったシカゴ動物園、パンダ飼育経験があるブロンクス動物園、ササの豊富なホノルル動物園、首都で国立のワシントン動物園……。結局首都のワシントン動物園が飼育することになり、日本でも当初から東京の上野動物園が有力視されていたのはそのためでもある。

そして、上野が有力視されていた理由はもう一つ。じつは上野には、過去にも、外国から平和の使者を迎え入れた「実績」があったのだ――1949年、インドのネール首相から、インドゾウが寄贈されていたのである。

国賓扱いの来日

そしていざカンカン・ランランが来日するとなると、もう「国賓」並みの待遇だった。「外交」にいわば公然と利用されたわけだから、当然といえば当然なのだが……。

空輸の手配は外務省。当時はナショナルフラッグキャリアーだったJALが輸送を請け負い、機内の気圧や温度湿度管理ができるように貨物機ではなく貨客機を使用、それもベテラン機長2名によるダブル機長態勢。同行する中国人関係者をもてなすための客室乗務員まで搭乗させた。そして到着するや、羽田空港や上野動物園では錚々たる面々が出迎え、警視庁の機動隊まで警備に当たる事態。輸送におけるすべてが、国家元首並み、あるいはそれ以上の国賓来日時のように、厳重かつ丁重におこなわれたのだった。

ところで、この前後にもさまざまに動植物のプレゼント合戦があったことは、あまり知られていないかもしれない。

まず、田中角栄首相訪中前の1972年9月9日には、テレビ中継技術者や機材などを輸送するための全日空機が羽田―北京間を往復しているが、この便には日中動物交換の第一陣として、多摩動物公園のチンパンジー2匹と井の頭自然文化園のコクチョウ2羽が積み込まれ、北京動物園へと贈られた。北京動物園からはそのお返しとして、コウノトリ2羽とオグロヅル2羽が帰りの便で上野へと来園している。そしてパンダが贈られたときの日本から中国への友好の贈り物は、北海道のオオヤマザクラとカラマツの苗木、各1000本だった。

さらにその後、パンダを贈ってくれた北京動物園に対するお礼として、1973年4月、ニホンカモシカとフンボルトペンギンが上野から贈られている。しかもこのニホンカモシカ、当時は上野動物園でも飼育されていなかったため、はるばる長野県の博物館からもらい受けたものである。パンダを贈られるというのは、かくも「おおごと」だったのだ!

ふたたび、みたびのパンダブーム

カンカン・ランランの後も、日本中が沸く「パンダブーム」といえるような状況はたびたび訪れた。

第2次のブームは、トントン誕生のときだろう。カンカン・ランランの来園から13年後の1985年、ホァンホァン(1980年来園)とフェイフェイ(1982年来園)の間に人工授精で産まれた子は、生後43時間で死んでしまう。翌1986年にやはり人工授精で産まれ、無事に育ったのがトントンだ。トントンの健やかな成長ぶりを見るべく人が押し寄せ、1980年代後半の年間来園者数は600万人前後で推移している。さらに1988年には同じペアからユウユウが産まれ、2頭のテレフォンカードや書籍もたくさん発行された(本章扉参照)。

第3次ブームは2003年のシュアンシュアン来園だろう。リンリン(1992年、ユウユウとの交換で来園)のもとへとメキシコから一時的に嫁入りし、ユウユウ以来15年ぶりの繁殖への期待に、小さなブームが起きたのだった。この第3次ブームには、インターネットの普及が大きく影響したように思える。毎日のように来園し、パンダをブログに掲載していた人もいた。動物園側ではなく来園者自らが万人に情報を発信できるというのは、画期的な変化だった。

ただこの間、正確にはフェイフェイを最後に、中国は他国へのパンダの「贈呈」をやめている。1984年、パンダがワシントン条約の附属書Ⅲから附属書Ⅰに移されたことがきっかけだ。条約によって商業取引が禁止されていても、学術研究目的でなら輸出入が可能だが、契約には期限がつき、かつ輸入国は中国にいくばくかのお金を支払わなければならない。これが「レンタル料」といわれるものだ。1ペアあたりのレンタルの相場は、年間100万ドル程度。このレンタル料は、パンダの生息域における野生動物の保護・研究資金となっている(ちなみに中国国内のパンダ飼育機関も、同様に保護・研究資金を拠出している)。

2011年に来日したリーリーとシンシンは、中国にレンタル料を支払って輸入された初めてのパンダたちだった。そのせいもあるのだろう、2頭が巻き起こした第4次パンダブームというべきものは、それ以前のとは少し異なった様相をみせた。

微妙な風向きの変化

2008年5月、当時の胡錦濤中国国家主席が2頭のパンダの貸与を表明した直後から、上野動物園には連日10件ほどの抗議の電話があった。東京都にも、1カ月間で400件を超える意見が寄せられ、その約7割が反対意見で、賛成は40件ほどだったという。レンタル料が、その根強い反対理由の一つであることは間違いないようだ。

折しも、東シナ海のガス田問題や、中国製冷凍ギョーザに農薬が混入していた問題などで、日中関係は冷え切っていた。パンダの貸与により、中国側がこれらの問題をかわす意図があると思っている人が88％にも及ぶという報道もあった（２００８年5月16日、産経新聞）。東京都にしてみれば、老いが進むリンリンに次ぐ新たなパンダ獲得の道を２００７年秋頃から模索しはじめており、その結果がやっと実を結んだわけだが、それにしてもタイミングが悪すぎた。

とはいえ、ひとたびリーリーとシンシンが来日すると、世間は概ね歓迎ムードとなったように見えた。2頭が降り立った成田空港には報道関係者が押し寄せ、要人到着時以上の騒ぎだったそうだし、上野での一般公開開始直後に迎えた２０１１年のゴールデンウィークには、4時間30分の待ち時間を記録。この年の来園者数は、19年ぶりに４００万人を超えた。パソコンのみならず携帯電話でもＬＩＶＥ映像が見られる時代に、こんなに多くの人が何時間も並んで実物を見にきてくれることに驚いた。１９７２年以降、パンダが上野動物園の不動の人気ナンバー1動物であることにも変わりはない。

ところがやはり、人々の評価は厳しいものだった。2頭の来園後、一般公開を控えた２０１１年3月のアンケート結果でも、公開後に見に行く可能性があると答えた人は回答者の24％しかいない（２０１１年3月14日、日経新聞）。公開後4カ月近くたっても、パンダが友好の使者としての役割を果たせていない、日本には必要でないと考えている人が、それぞれ8割を超えている（２０１１年7月29日、産経新聞）。新聞などで報道されるアンケートの結果と、2頭のパンダを目の当たりにして日々肌で感じる来園者やマスコミの反応の大きなズレに驚かされる。

人気と反発が相半ばしているのは、パンダがそれだけ、日中関係を象徴する存在となっていることの証でもあるだろう。レンタル料の発生と日中関係の冷え込みをうけて、パンダが手放しで歓迎された時代から、「パンダごときのために中国にお金を払うなんて」という人も多くいる時代へと、風向きは変わってきている。じっさい、「レンタル」になったとはいえ、パンダの貸与が発表されるのは今も、国家元首どうしの会談の場などだ。パンダの貸与が政情と完全に切り離せるわけでもない。

とはいえ、少なくとも、パンダに接してきた人々の思いには、昔も今も変わりはない。カンカンとランランに携わった人々の思いと、現在の2頭の来園に関わった人々の思いは共通のものだろう。日々パンダに接して汗を流す者にとっては、政情も何も関係はない。これまで築かれてきた日中間の絆を大切にしていきたいし、その架け橋となるような動物の飼育に携われたことを誇りに感じている。

あとがき

2004年4月にパンダの飼育係になってから、10年が過ぎました。

これまでに、4頭のパンダを飼育してきました。リンリンと過ごした4年間は、シュアンシュアンとの繁殖計画もあったとはいえ、世間からの注目度も低く、ゆったりとした穏やかな時間が流れていました。一方、現在のリーリーとシンシンとは5年目の付き合いになりますが、こちらは、目まぐるしく変化する日々の状況に対応するのに精一杯です。同じくらいの期間なのにこれほどまでに違うものかと、そのギャップに戸惑いの連続です。

「プレッシャーですね」とよく言われますが、それほどプレッシャーに感じたことはありません。パンダのベテラン飼育係とともに培ったリンリンの経験と、現在一緒に経験を積み重ねて試行錯誤しているパンダ班のメンバーを中心とした多くの人たちの支え、そして何よりもリーリーとシンシンの来園以来、国を超えて常に万全の体制でサポートしてくれる中国保護大熊猫研究センター（臥龍や雅安などのセンターの総称）のメンバーの存在は、私へのプレッシャーを払拭してくれます。

私自身、飼育経験を積めば積むほどに、パンダへの謎は深まっています。昨日までの常識が、今日の非常識なんて当たり前のことです。それでも、中国保護大熊猫研究センターのメンバーや上野動物園の職員はもちろんですが、これまでパンダ飼育に関わってきた諸先輩方、毎週1000kg近いタケを伐採して運んでくれる方々、そして上野観光連盟など地域のみなさんの協力があったからこそ、さまざまな困難を乗り越えて、今なおこうして上野動物園でパンダを飼育することができています。これらのみなさまには心から御礼申し上げます。

また、東京大学総合博物館の遠藤秀紀先生には、これまでもさまざまな場面でお世話になっているほか、本文の一部についての貴重なアドバイスをいただきました。厚く御礼申し上げます。

さて、この本がどれだけの人のパンダのイメージを変えることができたのでしょうか？思いがけず私に巡ってきたパンダの飼育係ですが、パンダという動物が縁となり、たくさんの人と出会うこともできました。これも、パンダがもつ魅力に多くの人が引きつけられるからなのでしょう。そしてそれゆえに、こうして本を出版できることにもなりました。なかなか原稿を書き上げない私を辛抱強く待ってくれた辻村希望さんには大変お世話になりました。記して謝意を表します。

パンダに会える！ 日本の動物園

（いずれも 2014 年 9 月 5 日現在）

東京都恩賜上野動物園

〒110-8711 東京都台東区上野公園 9-83

ＴＥＬ：03-3828-5171
ＨＰ：http://www.ueno-panda.jp/（パンダ情報サイト）
開園時間：9:30〜17:00（変更の場合あり。入園および入場券の販売は 16 時まで）
休園日：毎週月曜日（月曜日が国民の祝日や振替休日，都民の日の場合はその翌日），年末年始

会えるパンダ：力力《リーリー》（♂），真真《シンシン》（♀）

和歌山アドベンチャーワールド

〒649-2201 和歌山県西牟婁郡白浜町堅田 2399 番地

ＴＥＬ：0570-064481
ＨＰ：http://aws-s.com/animal/panda.html（パンダ紹介ページ）
開園時間：9:30〜17:00（変更の場合あり。入園は閉園 1 時間前まで）
休園日：HP を参照　http://aws-s.com/

会えるパンダ：永明《エイメイ》（♂），良浜《ラウヒン》（♀），海浜《カイヒン》（♂），陽浜《ヨウヒン》（♀），優浜《ユウヒン》（♀）

神戸市立王子動物園

〒657-0838 兵庫県神戸市灘区王子町 3-1

ＴＥＬ：078-861-5624
ＨＰ：http://www.kobe-ojizoo.jp/animal/panda/（パンダの部屋）
開園時間：3〜10 月は 9:00〜17:00（入園は 16:30 まで），11〜2 月は 9:00〜16:30（入園は 16:00 まで）
休園日：毎週水曜日，年末年始

会えるパンダ：旦旦《タンタン》（♀）

20) Kleiman, D.G.: Zeitschrift für Tierpsychologie **62**, 1-46 (1983)
21) Charlton, B. D. et al.: Biol. Lett. **5**, 597-599 (2009)
22) Charlton, B. D. et al.: Anim. Behav. **78**, 893-898 (2009)
23) Charlton, B. D. et al.: J. Acoust. Soc. Am. **126**, 2721-2732 (2009)
24) Charlton, B. D. et al.: Proc. R. Soc. B **277**, 1101-1106 (2010)
25) Charlton, B. D. et al.: Anim. Behav. **79**, 1221-1227 (2010)
26) 徐蒙・他：Chinese Science Bulletin **56**, 3073-3077 (2011)
27) Stoeger, A. S. et al.: Ethology **118**, 896-905 (2012)
28) Hori, M.: Science **260**, 216-219 (1993)
29) Hoso, M. et al.: Nature Communications **1**, 133 (2010)
30) Jiang, P. et al.: PLoS ONE **9**, e93043 (2014) doi:10.1371/journal.pone.0093043
31) 国家林业局编：全国第三次大熊猫调查报告，科学出版社(2006)
32) Tuanmu, M.-N. et al.: Nature Climate Change **3**, 249-253 (2013)

参考文献

佐川義明：上野の山はパンダ日和──泣いて、笑って、喜んで、いま，東邦出版(2007)
小森厚：もう一つの上野動物園史，丸善ライブラリー(1997)
家永真幸：アジア研究，55(3)，1-17(2009)
张志和・魏辅文(編著)：大熊猫迁地保护理论与实践，科学出版社(2006)
趙学敏(主編)：大熊猫：人类共有的自然遗产，中国林业出版社(2006)
趙学敏(主編)：大熊猫研究进展，科学出版社(2007)
张和民・王鹏彦：大熊猫繁殖研究，中国林业出版社(2003)

図版提供

図 1, 2　東京動物園ボランティアーズ
図 5, 34　阿部展子氏

引用文献

1) Milne-Edwards, A.: Ann Sci. Nat., Zool. ser. **5** (10), 1 (1870)
2) Bininda-Emonds, O. R. P.: Phylogenetic Position of the Giant Panda, *In* Lindburg, D. & Baragona, K. (eds.) Giant Pandas: Biology and Conservation, University of California Press (2004) pp. 11-35
3) Li, R. et al.: Nature **463**, 311-317 (2010)
4) David, A.: Nouv. Arch. Mus. Hist. Nat. Paris **5**, 12-13 (1869)
5) Wan, Q.-H. et al.: J. Mammal. **86**, 397-402 (2005)
6) Abella, J. et al.: PLoS ONE **7**, e48985 (2012) doi:10.1371/journal.pone.0048985
7) Wood-Jones, F.: Proc. Zool. Soc. London, Ser. B **109**, 113-129 (1939)
8) Wood-Jones, F.: Nature **143**, 157 (1939)
9) Davis, D. D.: Muscular system, *In* The Giant Panda. A Morphological Study of Evolutionary Mechanisms, Fieldiana Zoology Memoirs, vol. 3, Chicago Natural History Museum (1964) pp.146-198　第2章扉図および図18は原著 Fig. 52, 53 / Reproduced by permission of Field Museum, Chicago
10) Endo, H. et al.: J. Anat. **189**, 587-592 (1996)
11) Endo, H. et al.: Nature **397**, 309-310 (1999)
12) Endo, H. et al.: J. Anat. **195**, 295-300 (1999)
13) Zhu, L. et al.: Proc. Natl. Acad. Sci. USA **108**, 17714-17719 (2011)
14) American Chemical Society (ACS)の第242回 National Meeting & Expositionでの発表 http://www.acs.org/content/acs/en/pressroom/newsreleases/2013/september/panda-poop-microbes-could-make-biofuels-of-the-future-an-update.html
15) Zhao, H. et al.: Mol. Biol. Evol. **27**, 2669-2673 (2010)
16) たとえば http://www.recordchina.co.jp/group.php?groupid=57380&type=
17) Dungl, E. et al.: J. Comp. Psychol. **122**, 335-343 (2008)
18) Du, Y. et al.: Zool. Sci. **29** (2), 67-70 (2012)
19) Peters, G.: Zeitschrift für Saugetierkunde **47**, 236-246 (1982)

今日もパンダを見守る。
写真で見守られているのはリーリー。

倉持 浩
1974年生まれ。神奈川県横浜市出身。東京農業大学農学部畜産学科卒業後，同大学大学院農学研究科畜産学専攻博士前期課程修了。理化学研究所・脳科学総合研究センターのテクニカルスタッフを経て，恩賜上野動物園職員。ハダカデバネズミ，オオアリクイ，アルマジロ，ハリネズミなどの動物を担当した後，2004年よりジャイアントパンダの飼育に携わる。幼い頃は近所で昆虫採集に明け暮れ，大人になった現在でも，相変わらず近所や動物園内で虫を探している。その観察眼と洞察力が，飼育係という仕事に役立っているのかもしれない。著書に『パンダもの知り大図鑑──飼育からわかるパンダの科学』（誠文堂新光社），『まるまるパンダ──リーリー＆シンシン』（アスペクト）がある。

岩波科学ライブラリー230 〈生きもの〉
パンダ──ネコをかぶった珍獣

2014年 9月25日 第1刷発行
2018年11月 5日 第3刷発行

著 者 倉持《くらもち》 浩《ひろし》

発行者 岡本 厚

発行所 株式会社 岩波書店
〒101-8002 東京都千代田区一ツ橋2-5-5
電話案内 03-5210-4000
http://www.iwanami.co.jp/

印刷 製本・法令印刷 カバー・半七印刷

© Hiroshi Kuramochi 2014
ISBN 978-4-00-029630-4 Printed in Japan

動物園で人気急上昇！　裸なのにもワケがある。

岩波科学ライブラリー 151〈生きもの〉

ハダカデバネズミ

女王・兵隊・ふとん係

吉田重人・岡ノ谷一夫

ひどい名前，キョーレツな姿，女王君臨の階級社会。動物園で人気急上昇中の珍獣・ハダカデバネズミと，その動物で一旗あげようともくろんだ研究者たちの，「こんなくらしもあったのか」的ミラクルワールド。なぜ裸なの？　女王は幸せ？　ふとん係って何ですか？　人気イラストレーター・べつやくれい氏のキュートなイラストも必見！

B6 判並製　126 頁　本体 1500 円

愛すべき隣人のオドロキの素顔

岩波科学ライブラリー 213〈生きもの〉

スズメ

つかず・はなれず・二千年

三上　修

「ザ・普通の鳥」スズメ。しかし見飽きたようなその顔も，思い浮かべるのは難しい。まして生態には謎がいっぱい。人がいないと生きていけない？ 数百キロも移動？ あれでけっこう意地悪!?「日本にスズメは何羽いるか」の研究で知られる著者が，減りゆく小さな隣人を愛おしみながら，その意外な素顔を綴る。とりのなん子氏のイラストつき！

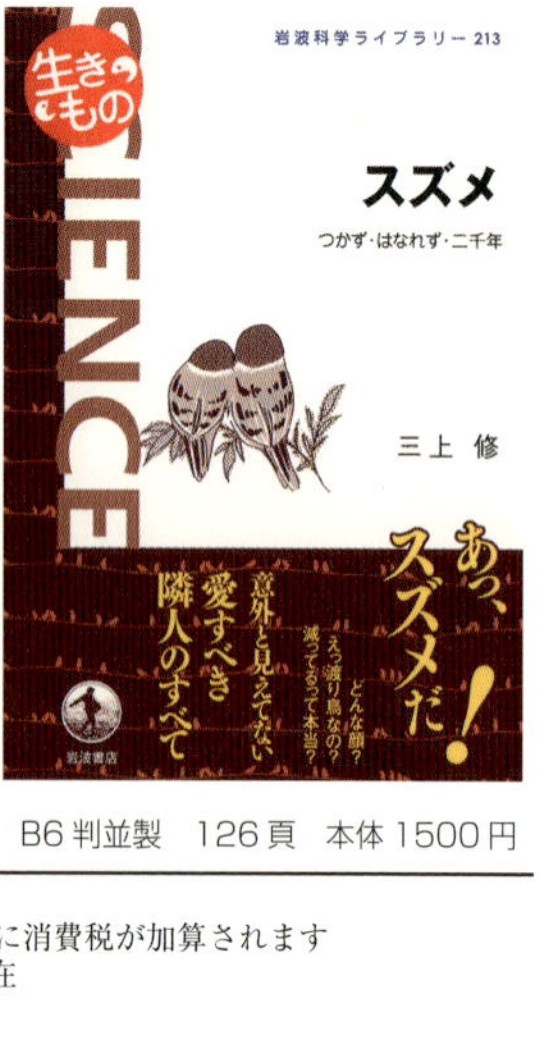

B6 判並製　126 頁　本体 1500 円

岩波書店刊　定価は表示価格に消費税が加算されます
2018 年 10 月現在